·布艺样的家·

可爱猫狗图案

家居布艺

· 布艺样的家 ·

可爱猫狗图案

家居布艺

(澳)琳奈特·安德森　著
王西敏　王　莹　译

河南科学技术出版社
· 郑州 ·

著作权合同登记号：图字16—2010—147

图书在版编目(CIP)数据

可爱猫狗图案家居布艺 /（澳）安德森著；王西敏，王莹译．—郑州：河南科学技术出版社，2012.1
（布艺样的家）
ISBN 978-7-5349-5303-3

Ⅰ.①可… Ⅱ.①安…②王…③王… Ⅲ.①布料-手工艺品-制作 Ⅳ.①TS973.5

中国版本图书馆CIP数据核字（2011）第184745号

出版发行：河南科学技术出版社
地址：郑州市经五路66号 邮编：450002
电话：（0371）65737028 65788613
网址：www.hnstp.cn
策划编辑：刘 欣
责任编辑：张 培
责任校对：李淑华
封面设计：张 伟
责任印制：张艳芳
印 刷：北京盛通印刷股份有限公司
经 销：全国新华书店
幅面尺寸：210 mm×275 mm 印张：8 字数：200千字
版 次：2012年1月第1版 2012年1月第1次印刷
定 价：36.00元

目录 contents

前言 introduction

欢迎来到我家猫咪和狗狗的世界。这些可爱的小动物是很多人生活的一部分，也是本书作品的创作源泉。从我记事起，就总有小猫和小狗相伴，也总是缝纫不离手。从我5岁开始，就跟着祖母学绣花，缝纫和布艺已早早融入我的生活，成为我生命的一部分。

我家现有一只小狗和三只小猫，它们是我们的朋友和永久的伙伴，跟着我在房子里四处走动，或静静地卧在沙发上或柜子上，总是不离左右，我非常喜欢它们在旁边的感觉。

本书中你会见到我们的小狗雨果、小猫费利克斯以及长着羽毛的朋友小鸟先生。当然还有许多缝纫的快乐等你去体验：令人欣喜的拼布作品、充满魅力的贴布图案、非常漂亮的绣品设计，再加上几种以前从未尝试过的缝纫针法，比如刺针绣法，你会爱不释手的。

“花园中的猫咪”展示怎样制作盖被，拼缝简单，造型漂亮。盖被上用猫咪图案装饰，在暖色调和绿色背景中，猫咪神态怡然自得。这一章还介绍如何制作书本封套，美观漂亮，用来记录缝纫细节或猫咪和狗狗的趣事十分方便。

“狗狗缝纫收纳组”系列由可爱的狗狗和小鸟构成图案，绣缝在缝纫袋、针包和剪刀套上，可以成套完成，也可以单个制作，可作为礼品赠送朋友。图案颜色时尚，风格新颖，适用于任何布料。

“猫咪世界”展示了各种猫咪图案，有自由顽皮的雄猫、爱家的母猫、优雅的纯种名猫。漂亮的猫咪壁挂表明你是个爱猫之人。壁挂用几种方法结合完成，蓝色和浅棕色系列的色调增添了额外的情趣。蜷缩睡猫形状的针插制作简便快捷，作为馈赠礼物，可爱迷人。

“宠物宝贝”出自我对小狗雨果的喜爱和对致力于导盲犬工作人们的钦佩。这里床铺大小的拼布被由拼布和贴布相结合完成，确实令人喜爱，一定会赢得许多赞誉。另外还推出小狗主题的宝贝靠垫，它们是孩子们的最爱。

“好伙伴”的提包容积大，实用美观；零钱包迷人可爱，图案设计非常有趣。你一定会喜欢提包拼布的不规则设计，它们制作简便，而且充满情趣。我喜欢把零钱单独放置，带着迷人绣缝图案的零钱包正好派上用场。

“休闲夏日”是我在海滨住宅闲逛时冒出的念头。每到圣诞节、复活节以及能安排开的周末，我们都会带上所需的物品和亲爱的动物伙伴到那里去休闲娱乐。休闲花被由4块拼布和5幅图案组成，上面有小狗雨果、小猫费利克斯和小鸟先生享受假日的幸福画面。时尚的相册封套则用单块的绣缝图案装饰。

“永远的朋友”推出了由刺针绣法创作的可爱的小壁挂。刺针绣是一种古老的绣法，效果非常突出。壁挂上展示了小狗雨果和猫咪费利克斯亲密无间的友情。表现雨果与小鸟友情的收纳盒图案也用了刺针绣法。这种方法可用于装饰任何容器的盖子。

目前我常把拼布、刺绣和贴布结合起来使用，我喜欢这种混搭效果，希望你也能够享受其中的乐趣。我虽然关注细节，但使用的是最基本的针法，缝纫水平的差异不会太影响图案的效果。作品的制作都分步骤说明，图示清楚，操作容易。材料和工具的介绍出现在102页，紧接着是基本技法的介绍，图样在112~126页。

喜欢小狗小猫吗？认识喜欢它们的人吗？喜欢动手缝制些漂亮物品和独特的小东西吗？如果是，这本书一定会为你带来欢乐的缝纫时光和幸福的满足感。

琳奈特·安德森

狗狗缝纫收纳组

puppy dog sewing collection

这些缝纫袋、针包和剪刀套温馨可爱，绣缝的图案漂亮迷人，小狗、小鸟的布局和缝纫图样独特有趣，结合了贴布缝技术和表层绣缝针法。

这套作品源自于某个轻松的周末，有单独时间制作缝纫用品的时候。可以制作三件套自己使用，也可以单独做一件作为礼物送人。我用了黑白两色作为主色调，点缀了少量草绿色和红色形成反差，看起来时尚悦目。

缝纫袋尺寸足够大，可用来装缝纫用品或其他物品；针包可以打开，放一些实用的小袋及插手缝针和珠针的毛料布片；而剪刀套加了纸卡后更硬实，可以保护剪刀。

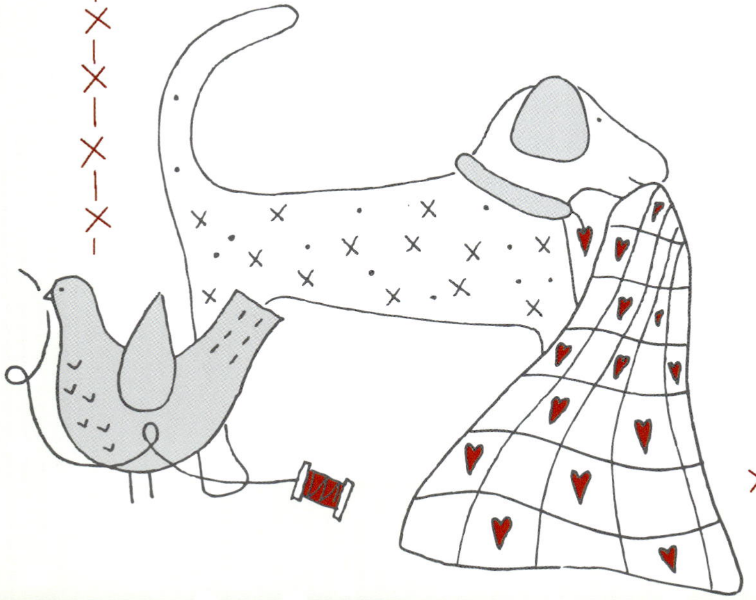

Lynette
Anderson

制作全套

这里的三件作品可以全套制作，也可以先做一件，以后再做其余的。要先绣缝出图案，然后组合到一起，非常方便。

全套制作时

使用112~114页的图样，把绣缝图案全套转印到36cm×46cm乳白色布料的正面，图案之间要留至少5cm的间隙，方便剪开使用。参照104页说明转印图案。如果使用硬衬，要按使用说明在绣缝开始前熨上。贴布缝在绣缝图案完成之前或之后进行都可以，详细说明见15页。

单个制作时

可参照不同作品的制作说明，缝纫袋在14页，针包在18页，剪刀套在22页。布料尺寸在各自的材料单中列出。

绣缝图案

图案转印到布料上后，就可以开始绣缝了。如果没有特别说明，我一般使用2股DMC棉绣线。使用的颜色有221号暗红色、310号黑色、3011号暗绿色、3819号柠檬绿色和白色。使用的针法有回针绣、缎纹绣、平针绣、十字绣、雏菊绣和法式豆针绣。各种针法的说明见110~111页。完成绣缝后，按照14~25页说明完成作品。

绣线颜色和针法

DMC 221号暗红色

小狗项圈　缎纹绣
缝纫袋、拼布块上的心形　回针绣
缝纫机上的心形　缎纹绣
缝纫袋上小狗的心形牌　缎纹绣
手提箱　回针绣
小鸟衔的线条和线轴线迹　回针绣和缎纹绣
太阳（法式豆针绣从中间开始，然后回针绣）
阳光　平针绣
针包上的十字　十字绣

DMC 310号黑色

缝纫机轮廓　回针绣
缝纫机底座　缎纹绣
手提箱盖　单股线平针绣
小鸟眼睛　法式豆针绣
小鸟腿　回针绣
针包上小狗轮廓　回针绣
针包上小狗身上的十字和圆点　十字绣和法式豆针绣
皮尺　回针绣
皮尺上数字　单股线回针绣
针包和剪刀套上的边线　平针绣
边线上十字　十字绣
线轴两头　回针绣
针包里姓名　回针绣（用114页字母图样绣制姓名）

DMC 3011号暗绿色

缝纫袋和针包上的线条　回针绣
缝纫机线轴上的线　回针绣和缎纹绣
手提箱中出来的线　回针绣和法式豆针绣
贴布小鸟胸前和尾部的条纹　回针绣和平针绣
针包上底部的线条　平针绣

DMC 3819号柠檬绿色

剪刀套上小鸟胸前和尾部的条纹　回针绣和平针绣

DMC 白色

缝纫袋上小狗的骨头　缎纹绣

缝纫袋 sewing bag

瞧！袋子上这只机灵的小狗正忙着装箱打包，准备外出过周末呢！袋子不大不小，作为礼物送给朋友非常合适。袋子正面的图案素雅有趣，非常值得一试。袋子完成后（不包括提带）的尺寸大约30.5cm × 24cm。

材料

· 4种颜色协调的花布，每种边长30cm

· 30cm × 20cm乳白色布，用于绣缝图案

· 35.5cm × 28cm花布，用于背面

· 2块35.5cm × 28cm里布

· 小块米色布，用于贴布小被

· 小块柠檬绿色布，用于贴布小鸟

· 小块黑色毛绒布，用于贴布小狗

· 边长30cm的黏合硬衬（选用）

· DMC合股棉绣线：
221号暗红色
3011号土绿色
3819号柠檬绿色
310号黑色和白色

· 边长30cm的轻薄黏合铺棉

· 塑料模板

· 棕色细头记号笔

绣缝和贴布

1. 使用113页的图样，把袋子绣缝图案转印到乳白色布正面。如果使用硬衬，要在绣缝开始前熨上。然后按照12页的说明，绣缝出图案。

2. 贴布可以在绣缝完成前后进行，我一般喜欢先贴布。可使用112页的贴布图样和自己喜欢的贴布方法（见105页说明），把小鸟身体、小鸟翅膀、小被、小狗身体和小狗耳朵贴到袋子布料上。我使用了贴布缝，需要在贴布图案周围加6mm宽的缝份。如果使用黏合贴，就不必加缝份。小狗贴布就不用另加缝份，因毛绒布不会脱线。最后按12页说明，绣上贴布表面的线条和图形。

缝袋子

3. 贴布和绣缝完成后，要仔细熨烫平整，绣图布修剪至26.7cm×18cm。

4. 使用112页的图样和塑料模板，制作出荷叶边和袋子底部样板。用选好的布料，一块比着模板剪出荷叶边，一块剪出袋子底部，周围都要加6mm的缝份。荷叶边的弯曲处剪出牙口，折起6mm的缝份（见图1），疏缝固定，熨烫平整。

图1

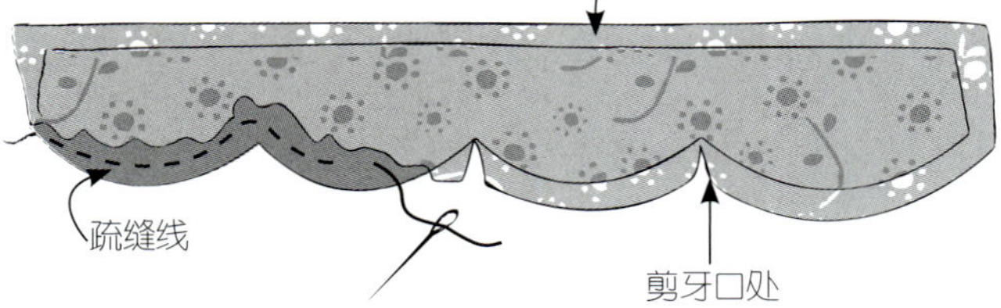

5. 荷叶边用珠针固定到绣布顶部，沿着荷叶边用藏针缝缝合，轻轻熨烫平整。

6. 底部布块与绣布正面相对，直边对齐，用珠针固定（见图2）。留6mm宽的缝份，沿直边机缝。缝份熨向底部一侧。

图2

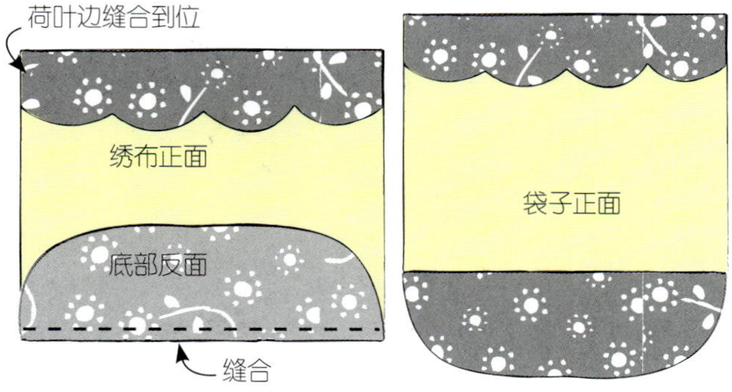

7. 以袋子正面表布做样板，剪出1块袋子背面表布，2块袋子里布和2块轻薄的黏合铺棉。

提示

如果喜欢，袋子背面也可以与袋子正面一致，用布料拼合而成。

8. 按照厂家使用说明，把轻薄铺棉熨到袋子正面和背面表布的反面。正面与背面表布正面相对，留6mm缝份，2块布缝合，留下顶部不缝（见图3）。

9. 2块里布以同样方式缝合，但一侧要留大约7.5cm的返口，用于在袋子快完成时翻到正面。

图3

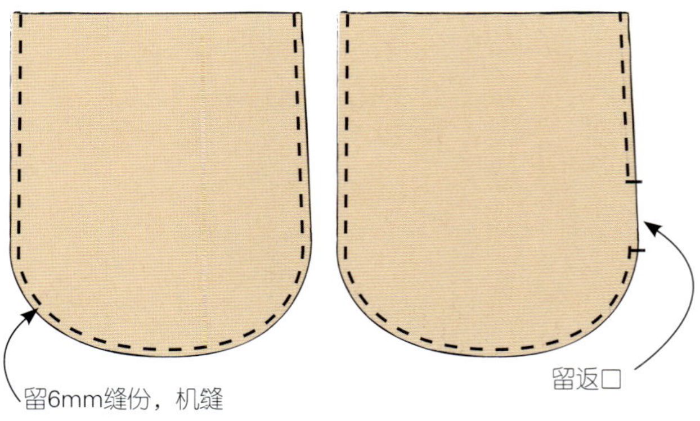

缝提带

10．用选好的提带布剪出4根33cm×4.5cm长条，再剪2根33cm×4.5cm的黏合铺棉。若想要较长的提带，增加尺寸即可。按照厂家使用说明，把铺棉分别熨到2根长条布的反面。

11．熨上铺棉的1根布条与没熨铺棉的1根布条正面相对，留6mm的缝份，沿两侧边缘纵向机缝，两头都不缝。另外2根长条以同样方式缝合。提带都翻到正面，熨烫平整。在提带边向里6mm处，机缝2条线，提带中间也缝1条，这些线条会使提带更结实。另一条提带以同样方式机缝。

组合袋子

12．提带用珠针固定到袋子上（见图4），袋子的表布和里布正面相对，顶部要对齐，确定提带在里边。一切就绪后，留6mm的缝份，沿袋子顶部机缝1圈。

图4

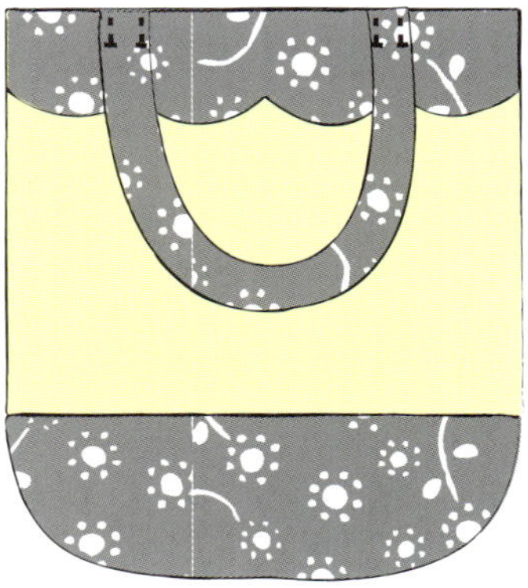

13．通过留在里布上的返口，把袋子翻到正面。缝合里布上的返口。轻轻熨烫袋子顶边，注意不要让里布露出来。还可以贴着顶边再机缝1圈。缝纫袋完成啦，很专业很漂亮吧！

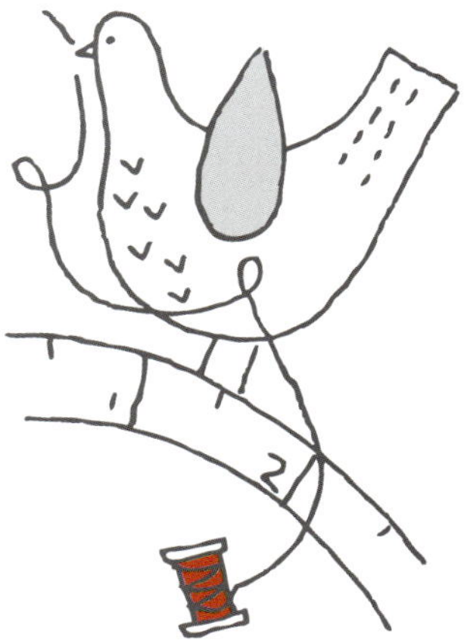

针包 needle case

针包美观实用，是缝纫袋和剪刀套的完美伴侣。针包里边有2个小袋，可装入各种缝纫小物品，如顶针、针袋和线卷等。里面的毛绒布片可以保护缝针和珠针，如果在贴布上缝上自己的名字，针包就更个性十足啦。针包完成后（合上）尺寸大约为18cm×13.5cm。

材料

- 26.7cm×16.5cm绿色毛绒布，为针包表布
- 2种颜色搭配的花布，各26.7cm×16.5cm
- 23cm×15cm乳白色布，用于绣缝图案
- 9cm×6.3cm红色毛绒布，用于针包内针插
- 23cm×15cm黏合硬衬（选用）
- 5cm宽的滚边布料
- DMC棉绣线：
  221号暗红色
  3011号土绿色
  3819号柠檬绿色
  310号黑色
- 小狗形状的纽扣
- 塑料模板
- 棕色细头记号笔

绣缝图案

1. 用114页的图样，把2个绣缝图案转印到乳白色布正面，图案之间留5cm的空隙，方便剪开使用。如果使用硬衬，要在绣缝开始前熨上。然后按照12页说明，绣缝出针包外面和里面的图案。

缝针包

2. 用选好的一种布，剪出26.7cm×16.5cm的针包里布。用另一种布剪出26.7cm×14cm布片，做针包内小袋。

3. 按照114页的图样，用塑料模板制作1个拱形板，要加6mm的缝份。绣布正面朝下，拱形板居中压在上面，沿拱形板用记号笔或2B铅笔画1圈，加上6mm的缝份剪出（见图1）。折起6mm的边，疏缝固定，熨平整。

图1

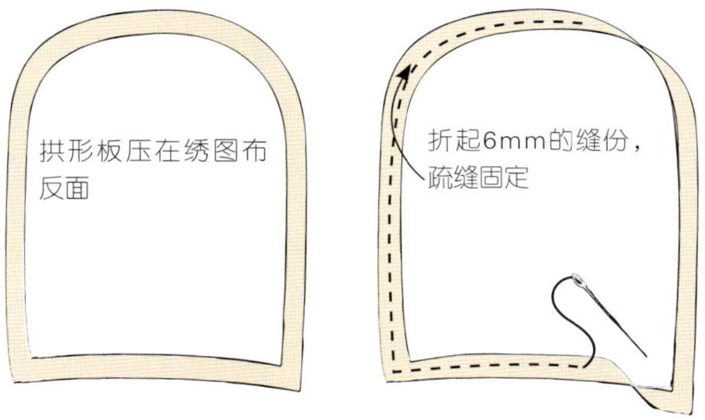

4. 26.7cm×16.5cm的毛绒表布对折，熨烫成13.3cm×16.5cm大小。拱形绣图用珠针固定到针包正面，用藏针缝固定。拆去疏缝线（见图2）。

图2

缝针包内小袋

5. 26.7cm×14cm的小袋布先纵向对折，然后横着对折。熨出中线折痕后，再把右半边对折（注意两头要留出6mm缝份），轻轻熨烫出折痕。

图3

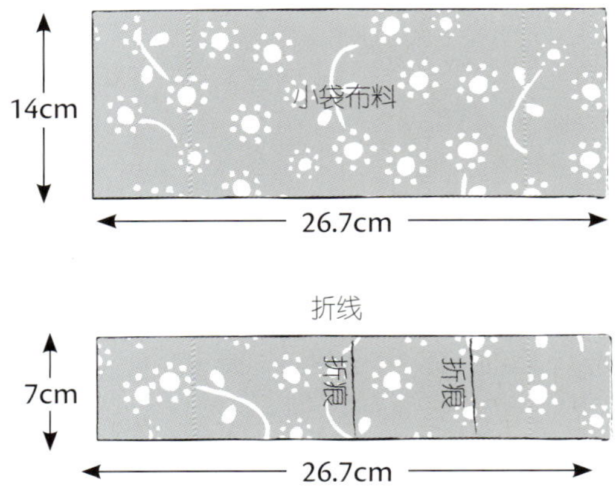

6. 小袋上绣图修剪至12cm×6.3cm，留6mm的缝份，疏缝，熨平。参照图片，摆好绣图位置，用藏针缝固定。拆去疏缝线。

缝针包里侧

7. 拿出事先剪好的26.7cm　16.5cm里布，小袋在上面摆好位置，用珠针固定（见图4）。

图4

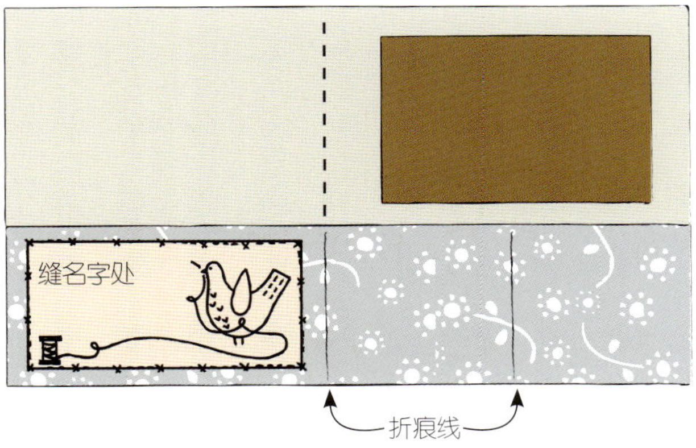

8. 用2股221号暗红色DMC棉绣线，回针缝折痕线处。缝针一定要穿透小袋和针包里布。

9. 摆好红色毛绒布针插的位置，用珠针固定（见图5）。沿毛绒布边缘用2股黑色绣线，缝锁针固定，轻轻熨烫平整。用颜色相配的线缝上小狗形状的纽扣。

图5

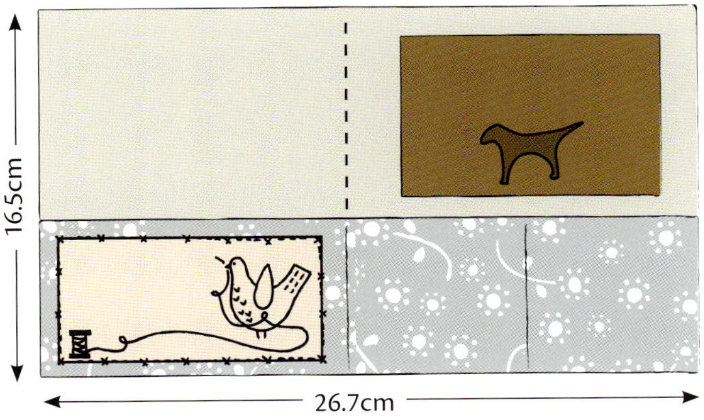

完成针包

10. 绣缝好的表布和绣缝好的里布反面相对，用珠针固定。量出1圈的长度，再加上大约10cm，记下这个尺寸，应该大约96.5cm。

11. 剪出颜色相配的直纹布作滚边，尺寸是宽3.5cm，长度为步骤10记下的长度。滚边条纵向折6mm的缝份，熨平。针包正面朝上，滚边条正面朝下，没熨折边的一侧与针包边对齐（见图6）。先用珠针固定，再留6mm的缝份，沿四周机缝上滚边条（参见109页滚边说明）。

图6

12. 熨好的折边翻到针包内侧，藏针缝固定，刚好遮住机缝线。针包完成，可以装入针线啦！

剪刀套 scissor keeper

剪刀套轻巧方便，使锋利的剪刀变得既安全又美观。垫入了硬纸卡后，剪刀套很硬实。黑色绣线扭绕成的流苏系带，方便取用。完成后不包括系带的尺寸大约为10cm×6.5cm。

材料

· 边长20.3cm的背面布料

· 边长20.3cm的乳白色布，用于绣缝图案

· 边长20.3cm的黏合硬衬（选用）

· DMC棉绣线：
221号暗红色
3011号暗绿色
3819号柠檬绿色
310号黑色

· 速粘透明胶

· 薄铺棉

· 薄卡纸

· 塑料模板

· 棕色细头记号笔

绣缝图案

1. 用113页的图样，把剪刀套的2个图案转印到乳白色布的正面，图案之间留5cm的空隙，方便剪开使用。如果使用硬衬，要在绣缝开始前熨上。然后按照12页说明，绣缝出图案。

提示

如果能废物利用，不要放过机会。我就用麦片盒剪出了垫入剪刀套的硬纸卡。

制作剪刀套

2. 按照113页的图样，用塑料模板制作2个剪刀套样板。样板压在绣图布的反面，图案一定要居中。用铅笔围绕样板画线，线外多加1cm的边作为缝份，剪出。按照同样的模板剪出背面布料，也要多剪出大约1cm的边作为缝份。

提示

为了确保图案位置在卡纸正中，可把布拿起来对着光，卡纸放在后边，可以清楚地看出位置是否正确。

3. 按照样板画出薄铺棉形状，但这次不必留缝份，沿着画线剪出即可。同样按照样板画出薄卡纸形状，准确沿着画线剪出，每个形状剪2片卡纸。

4. 拿出1个后片卡纸和1个前片卡纸，将薄铺棉分别粘到卡纸的一面（见图1）。

图1

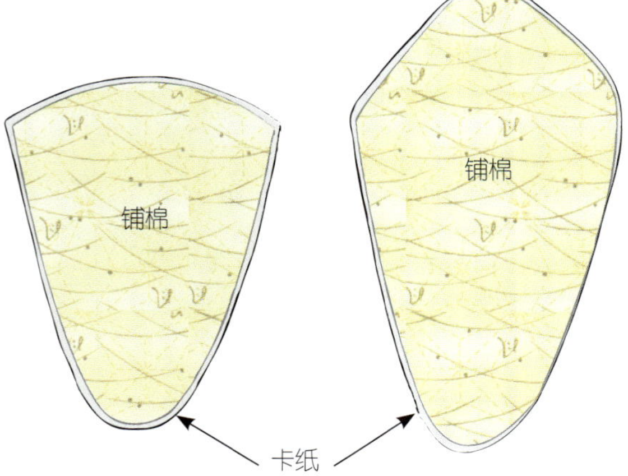

5. 剪刀套前片图案反面朝上，同样形状的卡纸压在上面，铺棉一面朝上。沿着卡纸边缘小心地涂上胶水，图案边缘折起6mm的缝份，粘到卡纸边上（见图2），压按直至胶干。剪刀套后片图案和卡纸以同样方式操作，背面布片和卡纸也以同样方式操作（见图3）。先把粘好的4片放一边待用。

图2

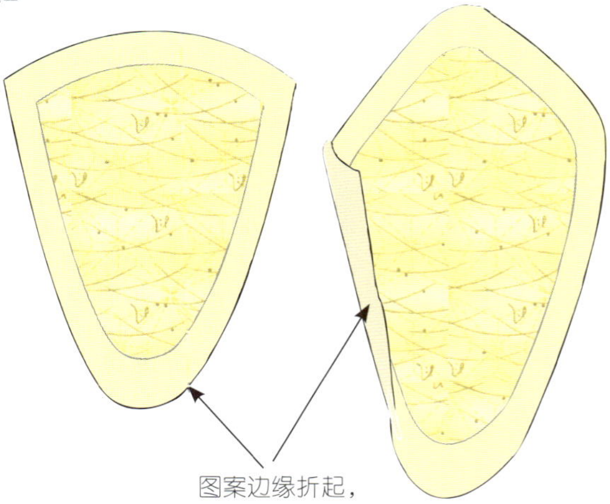

图3

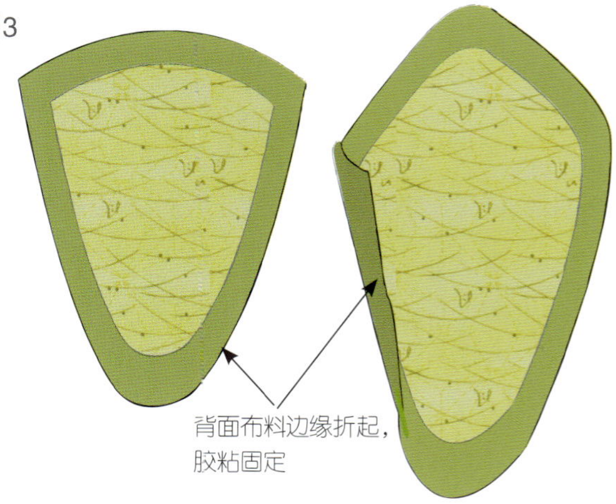

制作流苏带

6. 剪1片3.2cm宽的卡纸做流苏。黑色合股绣线剪76cm长，缠绕到卡纸上，大约20圈。从卡纸底部开始数圈数，流苏长度差不多时，从卡纸上捋下。

7. 剪2条120cm长的黑色合股绣线做带子，2条绣线的一头系到重物上或让朋友拽紧一头。顺时针扭绕绣线，直到无法再扭绕。做流苏的线圈穿到扭绕的线正中间，这时把线折回扭绕到一起，扭绕时拽住顶端，绕好后顶端打结固定。流苏底端剪开，剪一截线，缠在离流苏根部6mm处，线头打结固定后隐去。

组合剪刀套

8. 拿出4块包了卡纸的布片，确定胶水已干透。2块前片反面相对，胶粘到一起。可用晾衣夹或钢夹紧紧夹住，等胶水晾干，确保粘得牢固。2块后片以同样方式黏合，但要先把流苏带的一头夹在2片之间的顶部正中间。完成后，现在只有1块前片和1块后片。

9. 用2股黑色绣线沿着剪刀套顶部的边缘进行千鸟缝（见图4），再用千鸟缝沿着四周把前片缝到后片上，剪刀套就完成啦。

图4

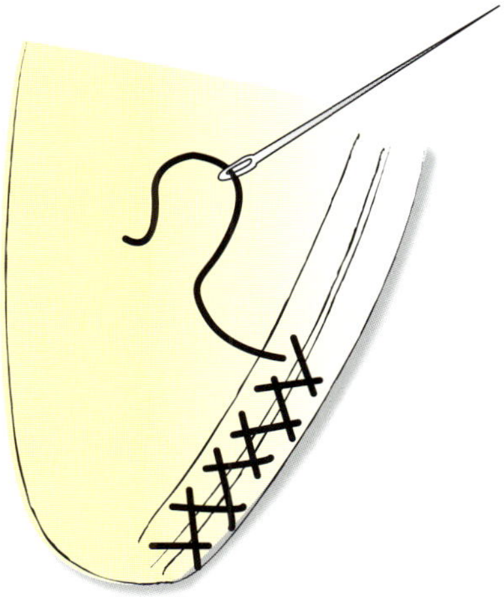

花园中的猫咪

kitty cat in the garden

夏日夕阳般暖色的花被温馨漂亮，野餐时携带方便，可随意铺在草地上使用。也可以垫在花园的长凳上，伴你欣赏花园的美景。花被上装饰了一块块绣缝的图案，上面有悠然自得的小猫、蓝色的贴布小鸟和一些Yoyo花朵。花被的毛边看起来自然质朴。组成花被的布块都是正方形或长方形，很容易拼合。温馨的色彩，令人愉悦的图案，布置客房也很受人欢迎。

与花被配套的还有漂亮的书本封套，用了其中一幅绣缝图案，正面还饰有宽宽的辫状荷叶边。送给朋友肯定是个不错的礼物，去布艺展时也可以带着它，记录下自己喜爱的布料和饰品。

猫咪花被 bed quilt

这个花被不管是用于卧室，还是在花园休闲时使用，都非常漂亮。花被柔和的暖色调与许多饰品都很搭配。绣缝和贴布图案都易于制作，增加了花被的质感和魅力。当然，如果选择不做这些图案，也无伤大雅。花被完成后尺寸大约为140cm×140cm。

材料

· 20cm长标准幅宽的乳白色布，用于绣缝图案

· 12种色彩协调的花布，每种25cm长

· 1m蓝色花布，作边框

· 30cm红色花布，作图案底衬和内滚边

· 蓝色毛绒布，作贴布小鸟

· 6.3cm宽的布条，总长大约6m，作滚边

· DMC合股棉绣线：
310号黑色
926号蓝色
3012号绿色
3781号深棕色
3830号暗红色
3862号浅棕色

· 15cm长标准幅宽的黏合硬衬（选用）

· 棕色细头记号笔

· 塑料模板

· 边长160cm的正方形铺棉

· 边长160cm的正方形背面布料

制作Yoyo

1. 按照115页的Yoyo图样，用塑料模板制作样板。按照107页的说明，用各种花布制作18个Yoyo，先放到一边待用。

绣缝图案

2. 使用115页上的图样，把绣缝图案转印到乳白色布正面（参见104页转印图案说明）。图案之间要留5cm空隙，方便剪开使用。如果使用硬衬，要在绣缝开始前熨上。总共需要3块小猫图案、3块Yoyo花朵图案和3块Meow图案。按照30页的说明绣缝图案。小鸟贴布要晚点再做。

提示

如果绣缝时喜欢用绷子，记住布要剪得大一些，才能够在绷子上绷紧。

3. 绣缝图案全部完成后，熨烫平整。小猫图案修剪至11.4cm×15.2cm，Yoyo花朵图案修剪至9.5cm×11.4cm，Meow图案修剪至5.7cm×9 5cm。

4. 所有图案都向反面折大约6mm的边，疏缝固定，熨烫平整。参照图片，摆好Yoyo位置，针缝固定。绣图先收好待用。

绣缝要求

图案转印到布料上后，就要开始绣缝。如果没有特别的说明，一般使用2股DMC棉绣线。花被上使用了310号黑色、926号蓝色、3012号绿色、3781号深棕色、3830号暗红色和3862号浅棕色。使用的针法有回针绣、十字绣、法式豆针绣、平针绣和缎纹绣。各种针法的说明见110~111页。

绣线颜色和针法

DMC 310号黑色

小猫眼睛和嘴　单股线回针绣
心形的连线　回针绣
小鸟眼睛　法式豆针绣
小鸟尾部条纹　平针绣
小鸟胸部条纹　回针绣

DMC 926号蓝色

小猫图案外边框的十字　十字绣

DMC 3012号绿色

叶子　回针绣
Meow和Yoyo图案外边框的“×”字　十字绣

DMC 3781号深棕色

小猫和Yoyo图案上的花茎　回针绣
Meow图案上的爪形　回针绣

DMC 3830号暗红色

小猫图案上的心形　缎纹绣
Meow图案上的字母　回针绣

DMC 3862号浅棕色

小猫　回针绣
小鸟嘴　缎纹绣

缝花被布块

5. 使用选好的12种花布，每种花色的布料剪出12块边长6.3cm的正方形，3块边长11.4cm的正方形和3块11.4cm × 21.6cm的长方形（见图1）。

图1

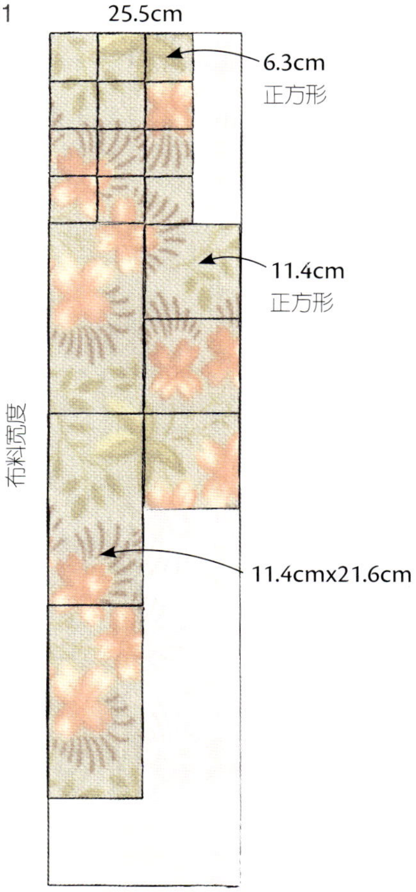

> **提示**
>
> 为了取得更可爱的拼缀效果，可充分利用家中存放的布块，每种颜色的布料只用两三次，对自己更是个挑战。

6. 按照图2所示，把正方形和长方形布块缝合到一起，组成边长21.6cm的正方形拼布。缝合时要留6mm的缝份，边缝合边熨烫接缝处。共制作36块这样的拼布块。

图2

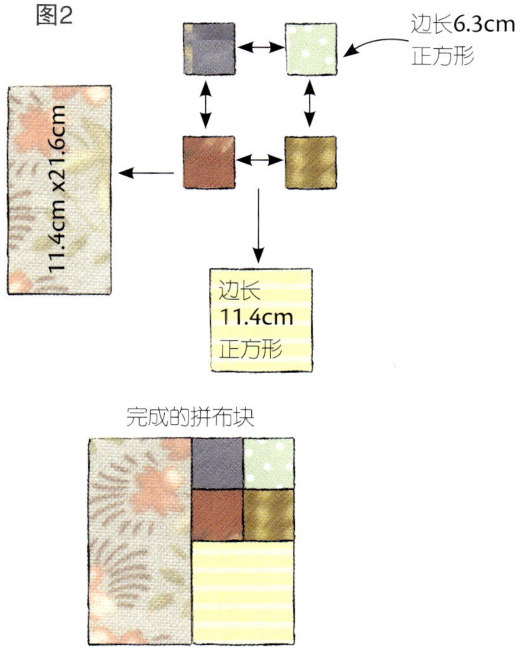

7. 同样留6mm的缝份，把每6块拼布块缝合到一起（见图3A），缝合时可转变布块方向，以取得随意自然的拼布效果。然后把6排布块缝合到一起，组成花被正面（见图3B），熨烫平整。

图3

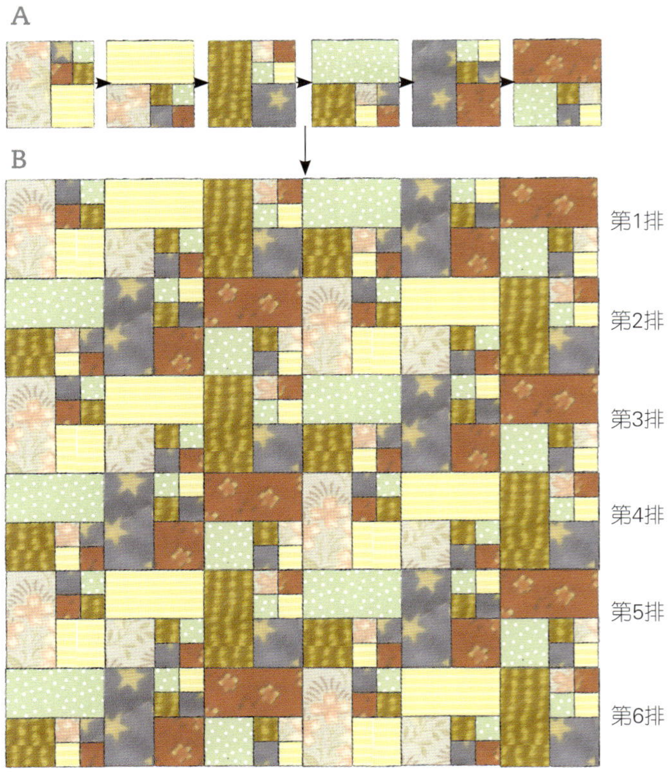

缝花被边条

8. 剪花被边条布之前，或许需要先量花被正面的尺寸，以确定尺寸无误。用选好的蓝色布料剪2块边条，每条10.2cm×123.2cm（或者你量的尺寸），分别作为花被的上边条和下边条。再剪2条10.2cm×141cm（或你量的尺寸）作为侧边条。

9. 留6mm的缝份，缝上花被的上边条和下边条，熨烫平整。然后缝上2个侧边条。详细方法见107页。

花被图案装饰

10. 按照115页的小鸟图样，用毛绒布剪3只小鸟。小鸟不用折边，因为毛绒布不会脱线。

11. 用暗红色花布剪3块11.4cm×11.4cm、3块12.4cm×15.9cm和3块5.7cm×9.5cm布片，每块布片的边缘都脱线大约6mm宽，成为毛边。

12. 拿出已绣缝好的图案，参照29页的图片，在花被正面设计好位置。每个图案下边垫一块暗红色毛边布，四边露出，框住图案。用珠针把几层固定在一起，用藏针缝把图案缝到花被正面。

13. 参照图片，摆放好小鸟位置，用2股DMC926号蓝色绣线把小鸟锁针缝固定。如果小鸟身上的条纹还没有缝，按照30页说明缝上。

绗缝

14. 我用缝纫机绗缝了花被整个表面，很专业，详细说明见108页。

滚边

15. 内滚边用暗红色花布制作，剪出2.5cm宽的布条，接到一起后，纵向对折，熨平。花被正面朝上，先从一个边开始，内滚边布条的毛边与花被毛边对齐，留将近6mm的缝份，把滚边条缝上。其余3个边方法相同。缝外滚边时，要把所有6.3cm宽的布条接在一起，成为一根长条，然后按照109页说明缝到花被边上。

书本封套

journal

布质书本封套装饰着温馨图案，会伴你在花园中度过一个个闲适的下午。你可以记下来年要播下什么种子，或者记下每日的所思所想和珍贵的记忆。小Yoyo花朵为图案和贴布增添了立体感。下面列出了布料尺寸，如果没有特别说明，宽度均指布料幅宽。完成后尺寸为21cm×16cm。

材料

· 30cm蓝色花布，作封套面

· 30cm花布，作封套衬里

· 边长20cm的乳白色布，用于绣缝图案

· 3种不同的小块花布，用作Yoyo

· 小块毛绒布，用作贴布小鸟

· 1m辫状宽荷叶边

· 30cm轻薄黏合铺棉

· 边长20cm的黏合硬衬（选用）

· 笔记本
书中样本21cm×16cm

· DMC合股棉绣线：
310号黑色
926号蓝色
3012号绿色
3781号深棕色
3830号暗红色
3862号浅棕色

· 棕色细头记号笔

· 塑料模板

制作Yoyo

1. 按照115页图样，用塑料模板制作出Yoyo样板。按照107页的说明，用3种不同的花布制作3个Yoyo。做好后暂时放一边待用。

绣缝图案

2. 按照115页的图样，把绣缝图案转印到乳白色布的正面（转印方法见104页）。如果选择使用硬衬，要在此时熨上。按照36页的说明绣缝图案。小鸟贴布稍后再做。

3. 绣缝图案完成后，参照图片上布局，缝上已做好的Yoyo。图案修剪至11.4cm×15.2cm，边缘向反面折大约6mm，疏缝固定，熨烫平整。

绣缝要求

图案转印到乳白色布上后，就要开始绣缝了。书中使用了DMC棉绣线，如果没有特别说明，一般使用2股绣线。使用的颜色有310号黑色、926号蓝色、3781号深棕色、3830号暗红色和3862号浅棕色。使用的针法有回针绣、十字绣、法式豆针绣、平针绣和缎纹绣。各种针法的说明见110~111页。

绣线颜色和针法

DMC 310号黑色

小猫眼睛和嘴　单股线回针绣

心形连线　回针绣

小鸟眼睛　法式豆针绣

小鸟尾部条纹　平针绣

小鸟胸部条纹　回针绣

DMC 926号蓝色

外边框的十字　十字绣

DMC 3781号深棕色

花茎　回针绣

外边框线条　回针绣

DMC 3830号暗红色

心形　缎纹绣

DMC 3862号浅棕色

小猫　回针绣

小鸟嘴　缎纹绣

小鸟腿　回针绣

制作封套

4. 为21cm×16cm大小的书本做封套时，蓝色花布要剪成23cm×47cm作为表布，再剪出同样尺寸的黏合铺棉和里布。按照生产厂家的说明，把铺棉熨到蓝色花布的反面。

5. 表布与里布正面相对，留6mm的缝份，沿四周缝合，在底部留大约7.6cm宽的返口（见图1）。剪去角部，封套翻到正面。

图1

6. 轻轻熨烫，确保正面看不到里布。封套里布朝上放平，书本居中压在上面，标出折边位置。要考虑到书脊的宽度。折起两边，手缝固定（见图2）。

图2

7. 找准封套正面的中心位置，摆放好绣缝图案，针织辫状宽荷叶边垫在图案下边（见图3）。对布局满意后，先用珠针固定，再针缝固定。

图3

8. 使用115页图样，用毛绒布剪出小鸟形状。小鸟图案在绣图上摆好位置，用锁针缝固定，书中用了与毛绒布搭配的2股棉绣线。按36页的说明缝上小鸟胸部和尾部的条纹。

宠物宝贝

woof! woof!

这条花被的灵感来自可爱的小狗雨果，它12周大时就来到我家，进入了我们的生活。它来时穿着件特制的夹克衫，表明正在接受成为澳洲导盲犬的训练。一年的时间里我无论去哪里都带着它，它的夹克衫也为它引来了更多关注。可惜的是，它没有通过导盲犬的最后考试。最初我们虽然有些失望，但也意味着我们从此可以拥有它，使它成为我们自己的爱犬了。花被上有些小狗穿着工作衫，以表达对世界各地帮助他人的小狗们的敬意，也要感谢致力于小狗培训工作的人们。因为照顾或资助一只小狗的训练是很有爱心的行为。

布满小狗和小鸟图案的花被可做成任意大小，有些图案转变了方向，花被更显得随意自然。我的一个朋友帮我用缝纫机进行了绗缝，产生了很棒的效果。我尤其喜欢她在小狗图案后边缝出的栅栏轮廓。

如果想在缝大花被前先练练手艺，可以先尝试一些小作品。按照46页的说明做个漂亮的靠垫吧，放在哪儿看起来都很棒！

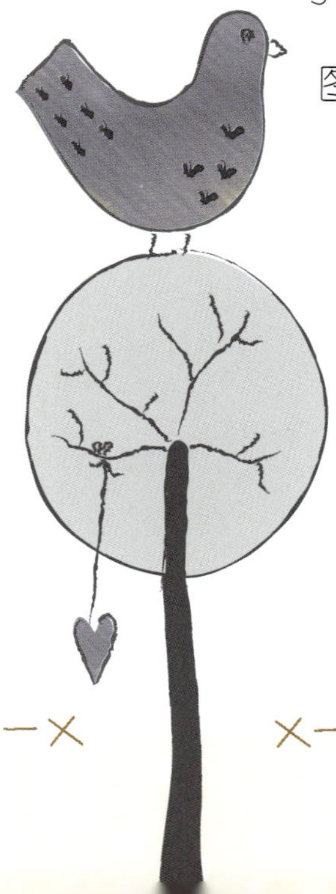

FRENCH COUNTRY LIVING

贴布拼布被 best friend quilt

这条花被充满了浓郁的民间艺术风格，全部选用了红色、蓝色、绿色和棕色等重色彩的布料，映衬在米黄色的底布上，确实很美。花被上除了小狗和小鸟图案，还有友谊星和大树图案，点缀着爱心和爪印。拼布被还加入了贴布元素，不同的图案可以随自己心愿混合搭配，以产生独特的个性化效果。贴布图案用了贴布缝方法，很容易制作。完成后尺寸大约为162cm×213cm。

材料

- 6种乳白色布，每种0.5m
- 2种棕色花布，每种宽25cm（布幅宽度）
- 25cm宽深棕色花布
- 绿色花布、蓝色花布和红色花布各5块，每块宽25cm
- 0.75m 深绿色布，作内边框
- DMC合股棉绣线：
  310号黑色
  221号暗红色
  838号深棕色
- 塑料模板
- 12枚小纽扣，作小狗眼睛（选用）
- 178cm×228cm铺棉
- 178cm×228cm底布
- 56cm 滚边布料（布幅宽度）

制作友谊星图案

1. 用乳白色布剪出2块边长7.3cm的正方形和4块边长6.3cm的正方形。用绿色、蓝色或红色布剪出2块边长7.3cm正方形和1块边长6.3cm的正方形。

2. 用2B铅笔或记号笔在乳白色正方形布的反面对角画一条斜线（见图1）。画斜线的正方形与另一块同样大小的花布正面相对，如有必要可用珠针固定。留6mm缝份，在斜线两边各缝一条线，把两块布缝到一起。然后顺着斜线小心地剪开，展开并熨烫平整。

图1

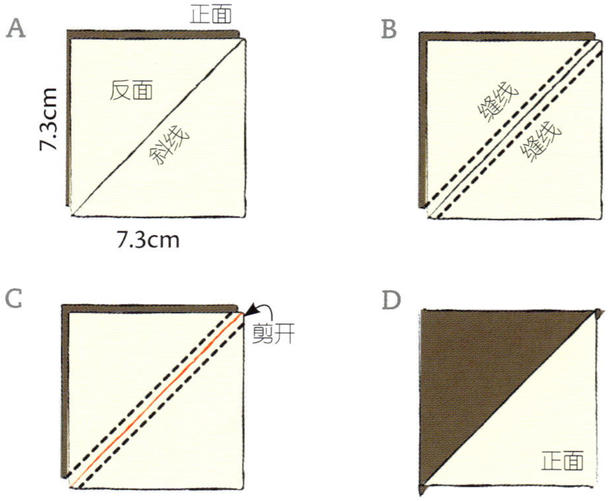

3. 按照图2所示，摆好友谊星布块的位置，留6mm的缝份，缝合到一起。总共要制作24块友谊星图案。

图2

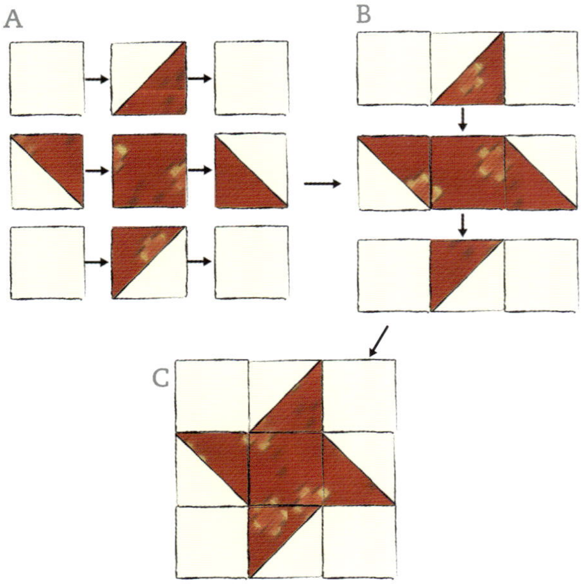

制作小狗和小鸟图案

4. 用选好的各种底布，剪出12块24.1cm×31.7cm的长方形。按照116页的图样，用塑料模板制作出小狗、耳朵、项圈、夹克衫和小鸟图案的样板（样板的使用说明见104页）。我用贴布缝的方法缝上图案（说明见105页）。

提示

小狗和小鸟图案可朝着不同的方向，花被会更显得活泼有趣。方向不同时，描画图案时需要把样板翻过来。

5. 使用合适的记号笔，比着样板把图形画到选好布料的反面。剪出图形，但四周一定要留6mm的缝份。注意下面需要翻样板时的提示。

6. 每个图形都沿着画线向反面折6mm的边，疏缝固定（见图3）。折底部向内弯曲的边时，要在缝份上剪出牙口，确保弧形折边的平整。熨平折边。

图3

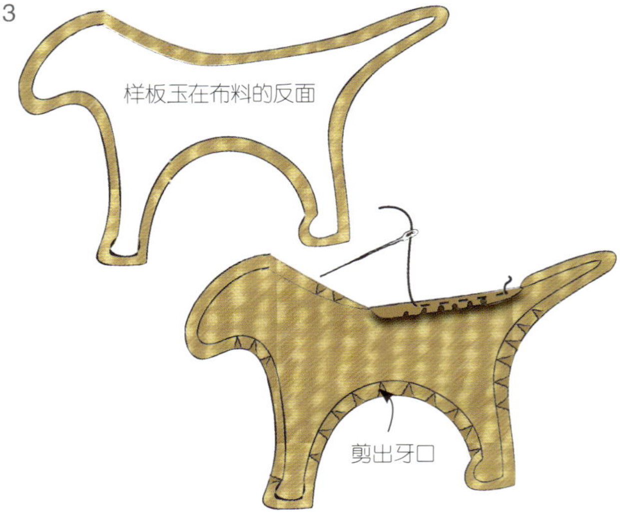

7. 图形摆到底布的正面（见右图），对图案位置满意后，先用珠针固定，再用藏针缝固定。总共制作12个小狗和小鸟图案。

制作大树图案

8. 用选好的各种底布，剪12块47cm × 16.5cm的长方形。按照图样用塑料模板制作出大树和小号心形图案的样板，方法与制作小狗样板一样。小鸟样板是已做好的。比着样板，将图形画到布料的反面，四周留6mm的缝份，剪出图形。

9. 以同样的方法折边，熨平，摆放到长方形底布上，针缝固定。总共制作12个大树图案。

制作爱心和爪印图案

10. 用各种布料剪出总共48块边长8.9cm的正方形。留6mm的缝份，每4块不同花色的正方形缝合到一起，成为8.9cm × 31.7cm的拼布条（见图4）。总共制作12块这样的拼布条。

图4

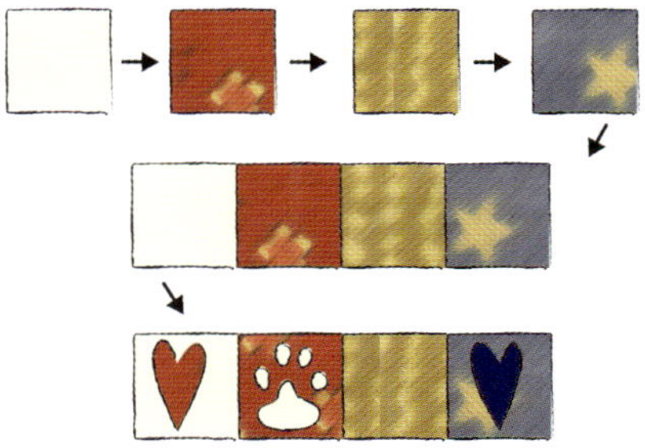

11. 用塑料模板制作大心形和爪印样板，按步骤6制作出贴布，然后摆放到底布上，针缝固定。书中的拼布条摆放在同样的位置，你也可以随意改变位置。

绣缝图案

12. 所有带图案的布块完成后，就该绣缝装饰了。参照图样找准位置，选用合适的记号笔，仔细标出小鸟的腿部和嘴部、小狗的姓名牌、树枝和树上心形的连线。如果喜欢可缝上纽扣作为小狗眼睛（见下面提示）。用2股绣线绣缝出这些细微之处，如下所示：

· 小鸟腿部用棕色绣线回针绣。

· 小鸟嘴部用棕色绣线缎纹绣。

· 小狗的心形姓名牌用红色绣线缎纹绣。

· 心形连线和线结用黑色绣线回针绣。

· 树枝用深棕色绣线锁链绣。

提示

纽扣作为小狗眼睛可选择使用，如果花被想给小孩子用，最好不用纽扣。真要缝时，就要用结实的线把它们缝牢固。

拼合布块

13. 现在可以考虑布块的布局了。我改变了友谊星布块和心形及爪印布块的位置。第1行和第3行里我把大树放在小狗右侧，第2行和第4行里我把大树放在小狗左侧，然后用缝份将各区块缝合在一起（见图5）。留6mm的缝份，缝合成4行。然后交替放置，把4行缝合到一起。熨烫平整。

图5

缝边条

14. 做内边条时，按照布料幅宽剪3根6.3cm宽的长条。留6mm的缝份，把它们连接在一起，然后剪成2根6.3cm × 138.4cm的长条，作为花被顶部和底部的内边条。再剪4根3.8cm宽的布条，连接成2根3.8cm × 194.3cm布条，作为两侧的内边条。先缝上顶部和底部的内边条，再缝上两侧的内边条。

15. 做外边条时，拿出贴布图案剩下的布，剪成边长11.4cm的正方形。留6mm的缝份，把它们连接成拼布条。2条由14块正方形组成，2条由21块正方形组成，分别作为花被顶部和底部以及两侧的外边条。先缝上顶部和底部的外边条，再缝两侧的外边条。

图6

绗缝收尾

16. 按照108页的说明，把花被的表布、铺棉和里布3层组合在一起，然后开始绗缝，最后滚边完成花被。滚边方法见109页。书中花被用缝纫机进行了绗缝，但你可以手工绗缝，并选择自己喜欢的图案。缝纫机绗缝方法如下：

· 围绕所有贴布图案绗缝出同样轮廓。
· 在所有小狗和小鸟的底布上，绗缝出栅栏形状的背景。
· 在心形和爪印图案的空白布块上，绗缝出爪印形状。
· 在大树和友谊星图案的底布、内边条上，自由绗缝出友谊星形状和心形。
· 在外边条上自由绗缝出爪印形状。

宝贝靠垫

good boy cushion

喜欢小狗的人谁会不喜欢这样有特色的靠垫？这是个适合练习技巧的作品，可为制作大型的宠物宝贝花被做准备。完成后尺寸为47cm×47cm。

制作星星图案

1. 用乳白色底布剪出2块边长7.3cm的正方形和4块边长6.3cm的正方形。用绿色、蓝色或红色花布剪出2块边长7.3cm正方形和1块边长6.3cm的正方形。

2. 用2B铅笔或记号笔在乳白色正方形布的反面对角画一条斜线（见图1）。画斜线的正方形与另一块同样大小的花布正面相对，如有必要可用珠针固定。留6mm缝份，在斜线两边各缝一条线，把两块布缝到一起。然后顺着斜线小心地剪开，展开并熨烫平整。

图1

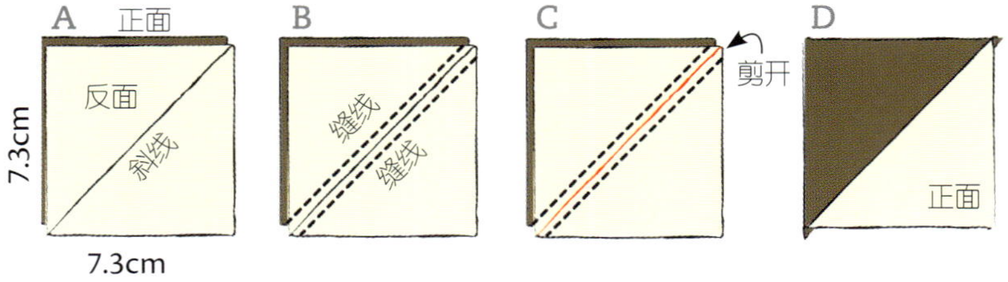

3. 按照图2所示，摆好友谊星布块的位置，留6mm的缝份，缝合到一起。总共要制作2块友谊星图案。

图2

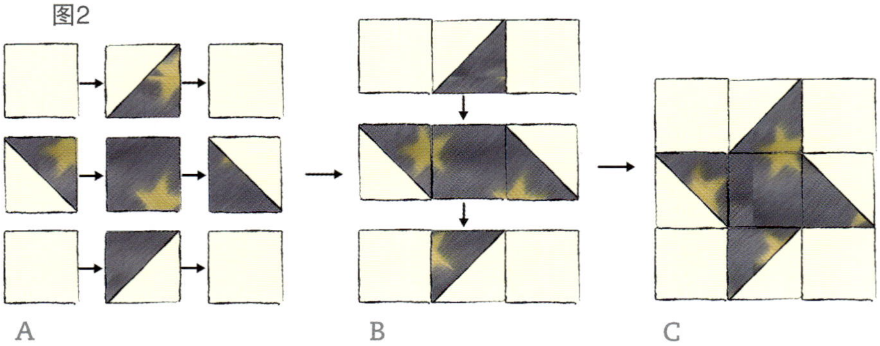

材料

- 各种乳白色底布
- 2种棕色花布，各20cm×30cm
- 红色和蓝色花布，各10cm（布幅宽度）
- 15cm绿色花布（布幅宽度的一半）
- 2块36.8cm×47cm乳白色布，作靠垫里布
- DMC棉绣线：
  310号黑色
  221号暗红色
  838号深棕色
- 13cm宽的滚边布（布幅宽度）
- 边长50cm的正方形白色棉布
- 塑料模板
- 棕色细头记号笔
- 3枚直径2.5cm的纽扣和3枚小纽扣，用作眼睛
- 3条2cm×3.2cm的魔术贴
- 边长50cm的正方形铺棉
- 边长46cm的正方形靠垫芯

制作小狗和小鸟图案

4. 用选好的底布剪出1块24.1cm × 31.7cm的长方形。按照116页的图样，用塑料模板制作出小狗、耳朵、项圈、夹克衫和小鸟图案的样板（样板的使用说明见104页）。我用贴布缝的方法缝上贴布图案（说明见105页）。

5. 使用合适的记号笔，比着样板把图形画到选好布料的反面。剪出图形，但四周一定要留6mm的缝份。

6. 每个图形都沿着画线向反面折6mm的边，疏缝固定（见图3）。折底部向内弯曲的边时，要在缝份上剪出牙口，确保弧形折边的平整。熨平折边。

图3

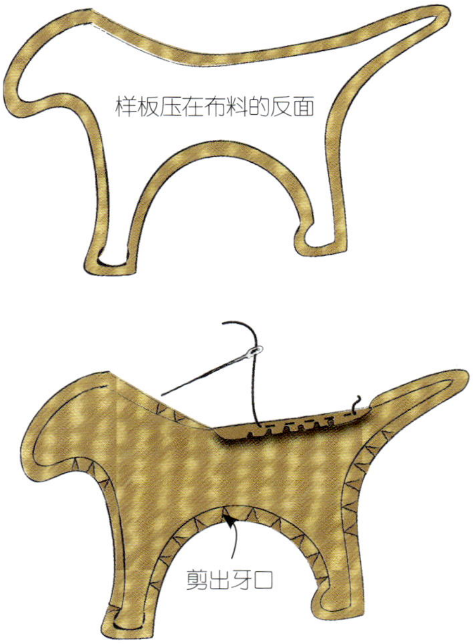

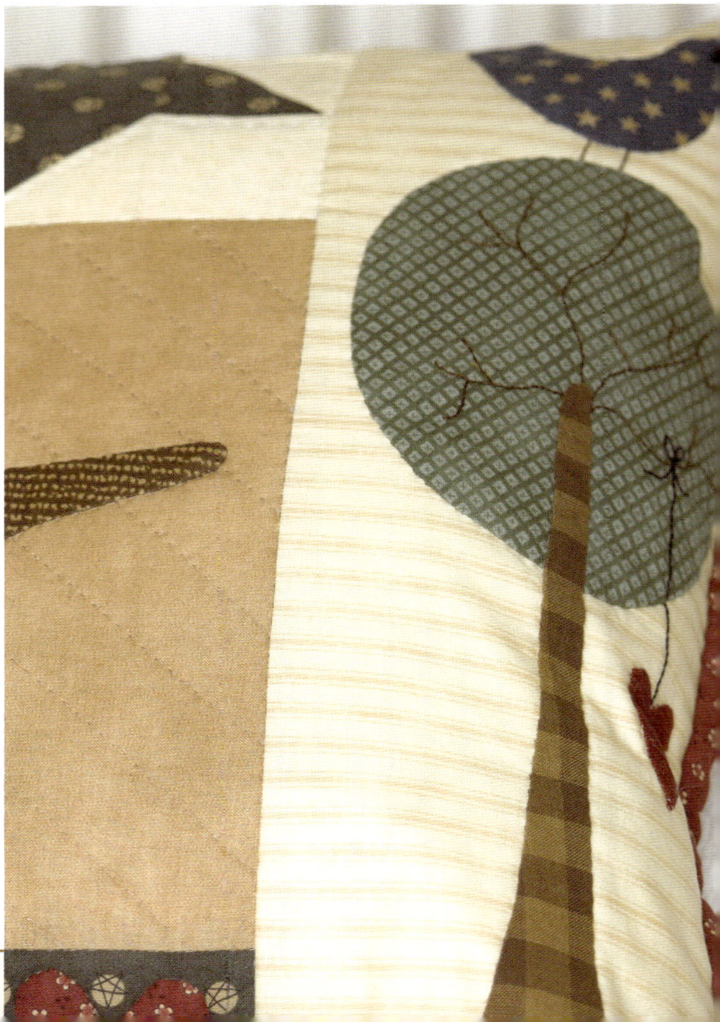

7. 图形摆在底布正面合适的位置，先用珠针固定，再用藏针缝固定。

制作大树图案

8. 用选好的各种底布，剪1块47cm×16.5cm的长方形。按照图样用塑料模板制作出大树和小号心形图案的样板，方法与制作小狗样板一样。小鸟样板是已制好的。比着样板，将图形画到选好布料的反面，四周留6mm的缝份，剪出图形。

9. 按前边同样的方法折边，熨平，摆放到长方形底布上，针缝固定。

制作心形和爪印图案

10. 用不同布料剪出4块边长8.9cm的正方形。留6mm的缝份，将4块正方形缝合到一起，成为8.9cm×31.7cm的拼布条（见图4）。

图4

11. 用塑料模板制作大心形和爪印样板，按与前边同样的方法制作出贴布，然后摆放到底布上，针缝固定。

绣缝图案

12. 参照图样找准位置，选用合适的记号笔，仔细标出小鸟的腿部和嘴部、小狗的姓名牌、树枝和树上心形的连线。用2股绣线绣缝出这些细微之处，如下所示：

· 小鸟腿部和尾部用棕色绣线绣回针绣。
· 小鸟嘴部用棕色绣线绣缎纹绣。
· 小狗的心形姓名牌用红色绣线绣缎纹绣。
· 心形连线和线结用黑色绣线绣回针绣。
· 树枝用深棕色绣线绣锁链绣。

13. 布块拼合和绗缝按照图5的布局，留6mm宽的缝份，将布块缝合到一起，熨烫平整。

图5

14. 按照108页说明，靠垫表布、铺棉和里布组合到一起，然后开始绗缝。手工绗缝方法如下：

· 围绕友谊星进行轮廓绗缝。

· 在小狗和小鸟图案的底布上进行整体绗缝，缝出格子状线条。

· 围绕心形和爪印组合，进行轮廓绗缝。

制作靠垫套

15. 拿出2块36.8cm×47cm乳白色里布布料，都沿着一个长边折6mm，熨平。然后再折2cm，熨平，机缝固定（见图6）。

图6

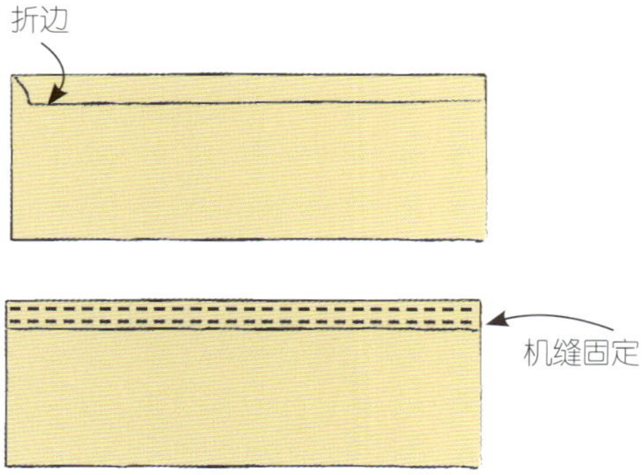

16. 2块布中间叠压（见图7），成为边长47cm的正方形。用珠针把魔术贴固定到正确位置，机缝或手缝到位。

图7

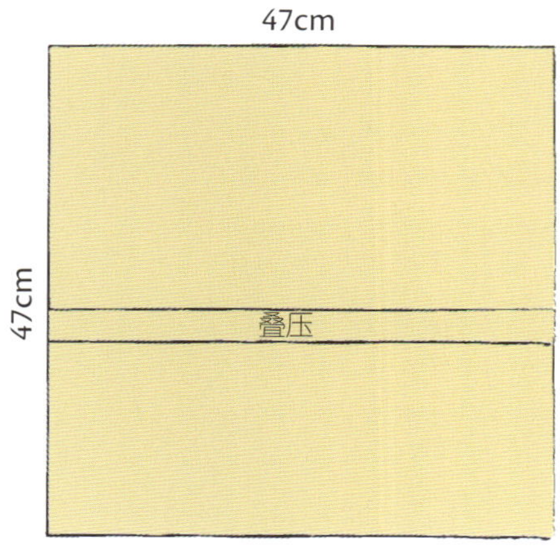

17. 使用6股深棕色DMC绣线，把直径2.5cm的纽扣缝到魔术贴上。从纽扣正面开始缝，留一截线头，然后把纽扣缝牢固。结束时线头拉到纽扣正面，与留下的线头系到一起。3枚作为眼睛的小纽扣分别缝到靠垫正面合适的位置。

提示

缝纽扣时也可以不在正面留线头，以正常方式缝上纽扣即可。

18. 靠垫背面正面朝下，靠垫表布正面朝上压在上面，留6mm缝份，沿四周缝合。将接缝熨烫平整，按109页说明滚边。最后塞入靠垫芯即可。

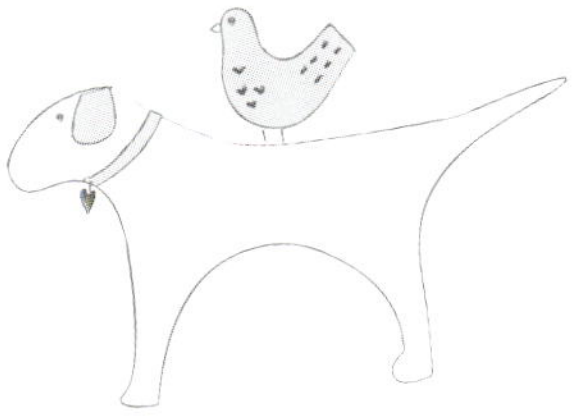

猫咪世界

i love my cat

这里为我们提供了机会，把猫咪带入我们的生活，展示在漂亮的壁挂上。我喜欢小猫，不能想象如果没有这3只小猫，我的生活会是什么样。小猫种类很多，大小不一，形态各异，颜色也不同。我很开心地把我家的爱猫搬上了壁挂。你可以很容易地改变颜色，展示属于你的猫咪家族。

壁挂的制作运用了几种不同技法，包括不规则拼布、条带拼合和锁缝贴布等。暹罗猫还用了海绵涂色法，色彩逼真，很令人开心。布料选择了蓝色和棕色斜纹牛仔布，这些颜色搭配很出彩，使壁挂风格显得生动活泼。

如果想做些简单易做的作品，可以为朋友和家人制作几个睡猫针插。简单的贴布，圆圆的形状，蜷缩状的恬静小猫，真是人见人爱。详见62页。

猫咪壁挂 cat lover wall quilt

瞧！我的小猫有顽皮汤姆、虎纹凯蒂和暹罗靓妹，它们都在这幅漂亮的壁挂上，多么舒适惬意。你可以用不规则拼布、条带拼合、锁缝贴布和海绵涂色等方法尽情展示自己小猫的特色。完成后壁挂尺寸大约为73.5cm×96.5cm。

材料

· 6种色彩协调的花布和纯色布，每种30cm（布幅宽度）

· 25cm乳白色布或茶染棉布

· 25cm浅色薄布，如平纹细布

· 小块浅粉色布

· 0.5m黏合贴

· 塑料模板

· 小块海绵和深棕色丙烯颜料

· DMC棉绣线：
  839号深棕色
  3750号牛仔蓝
  841号浅黄褐色
  淡褐色

· 25cm滚边布料（布幅宽度）

· 12枚直径16mm的各种纽扣，6枚作小猫眼睛的直径9mm的纽扣

· 细头记号笔

· 89cm×112cm铺棉

· 89cm×112cm底布

制作凯蒂饮奶图案

1. 选2块不同的布料，一块剪成39.4cm × 26.7cm，另一块剪成39.4cm × 8.9cm。两块布的长边相接缝合到一起，接缝熨平（见图1），作为图案底布。

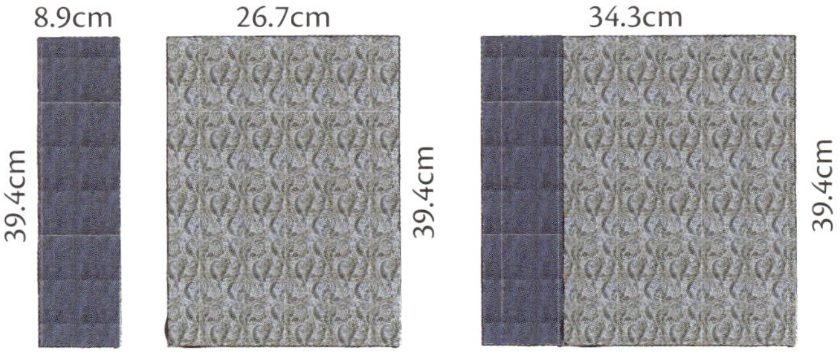

图1

2. 按照117页的图样，用塑料模板做出身子、头部、尾巴和奶碗样板。比着样板把这些形状画到浅色薄布上，身子和尾巴之间多留些空隙，方便剪开使用，头部和奶碗之间也要留出些空隙。

3. 使用6种色彩协调的布，剪出1.3~2cm的布条。从猫爪处开始，第1根布条正面朝上压在上面，一定要盖过画线，用珠针固定（见图2）。第2根布条与第1根正面相对，机缝固定，留少许缝份即可。接缝处打开，熨烫平整。以同样方式一条一条往上加，直到覆盖整个图形。

图2

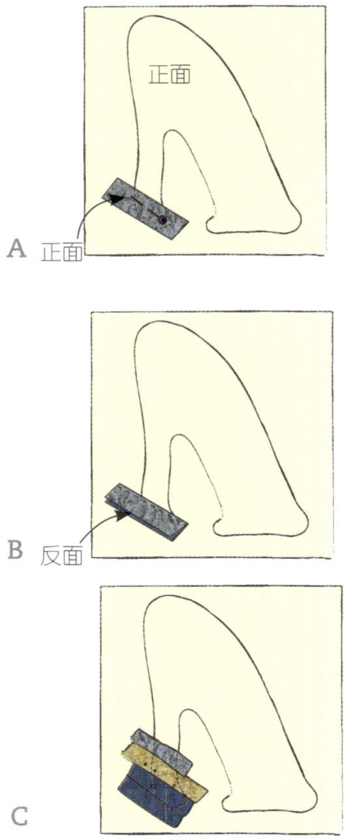

4. 运用黏合贴贴布方法（见105页）将小猫熨到底布上大块布的中间。用2股绣线围绕贴布进行锁链绣，身子用浅黄褐色绣线，头部用牛仔蓝绣线，奶碗和小猫舌头用浅褐色绣线。按照图样用细头记号笔画出脸部线条。用2股牛仔蓝DMC绣线用锁链绣绣出小猫眼睛、鼻子和嘴部，用深棕色绣线回针绣绣出胡须。

制作顽皮汤姆图案

5. 选3块布料，1块剪成34.3cm×8.9cm，1块剪成16.5cm×26.7cm，第3块剪成19cm×26.7cm。3块布缝合到一起（见图3），作为图案底布。

图3

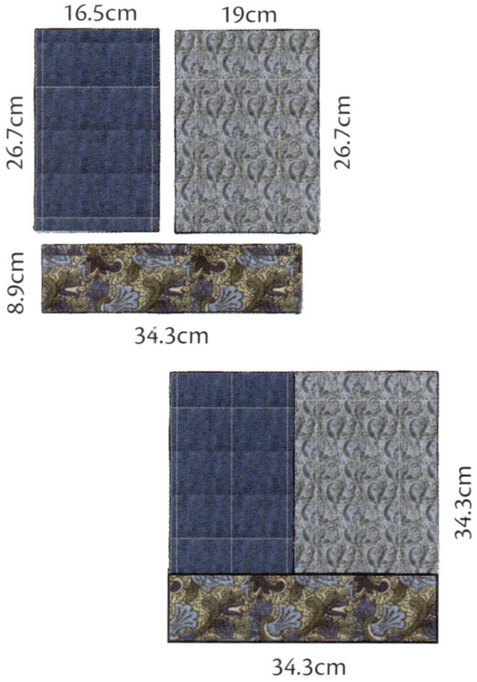

6．按照118页的图样，用塑料模板制作出身子、头部和尾巴的样板。比着样板在平纹细布上画出图形，身子、头部和尾巴之间要留出足够空隙，方便剪开使用。

7．用选好的6种颜色协调的布料，先剪一块不规则五边形，用珠针固定到平纹布图形中间，正面朝上（见图4）。再拿一块布，与五边形的一个边对齐，正面相对压在上面，机缝或手缝，手指捋开压平。顺时针方向以同样方式一块一块往上缝，缝一块捋开压平一块，直到覆盖整个图形。腿部也用布条这样缝满，熨烫平整。

图4

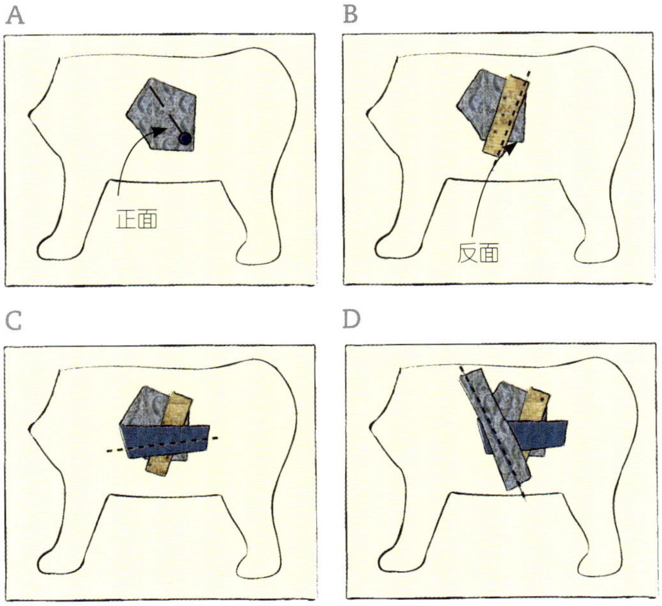

8．使用黏合贴贴布方法，把顽皮小猫汤姆熨到底布上。用2股牛仔蓝绣线围绕着贴布身子和头部进行锁链绣。按照图样，用细头记号笔画出脸部线条，然后用2股浅棕色绣线用链环绣绣出眼睛、鼻子和嘴部，回针绣绣出胡须。

制作暹罗靓妹图案

9．选2块布料，分别剪成21.6cm × 14cm和21.6cm × 26.7cm。两块布短边相接，缝合到一起（见图5），作为图案底布。

图5

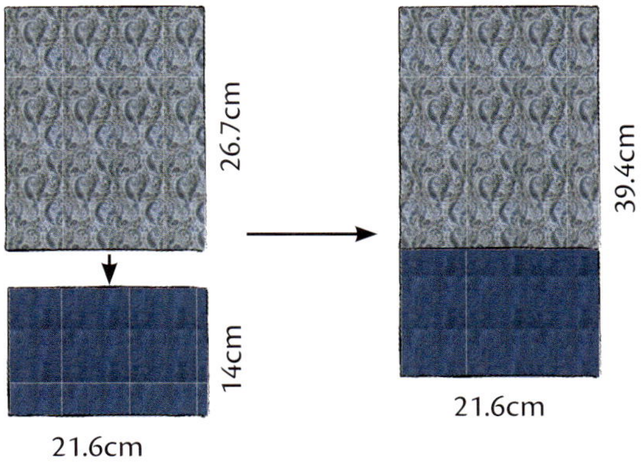

10．按照117页的图样，用塑料模板制作身子和尾巴的样板。比着样板在乳白色布或茶染棉布上（见下边提示）画出图形，身子和尾巴之间要留足够空隙，方便剪开使用。

提示

茶染是为了取得自然斑点的效果。要先把白棉布浸湿，拧去大部分水分，摊开放平，撒上足量的茶叶，长茶叶染出的效果最棒。撒了茶叶的棉布折叠成小包状，放在盘里，要足够湿，放在微波炉里高火加热2分钟。拿出时会很烫，一定要小心。打开棉布，看看效果，必要时，可重复加热。达到满意效果后，抖去茶叶，清洗干净，然后熨平。如果想取得褶皱的效果，可先挂在绳上晾一会儿，再熨烫。

11. 把海绵浸湿，挤去水分，稍微蘸些深棕色丙烯颜料，轻触一些部位，如前额、鼻子、耳朵、前腿下部、爪子和尾巴等（见图6），涂抹出暹罗花猫的花纹效果。要先在废白棉布上试试效果，注意海绵一定不能太湿，颜料也不能太多。染好放一边晾干后，用热熨斗压熨固色。

图6

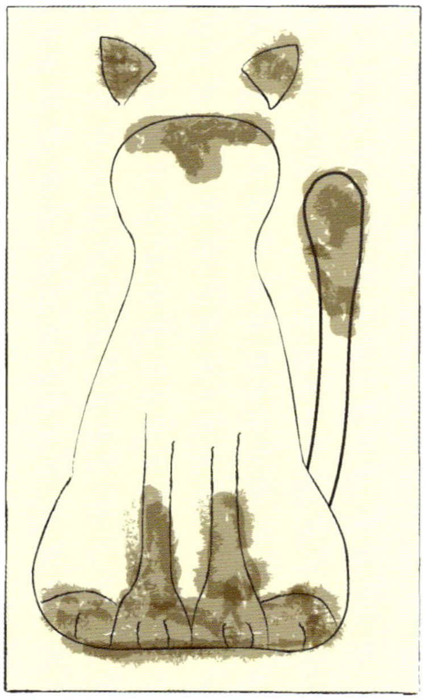

提示

虽然小猫还要剪出来，但是如果选择做一个反向纸样，可以防止染到轮廓线之外。在纸样上标出身子、尾巴和耳朵的部位，完全和布上位置一致。剪出这些相关部位，其余地方保持原样。标出位置的白棉布正面朝上，摊在台面上，下边垫上保护纸，纸样压在上面，与棉布上图形对齐，以和上边相同的方式用海绵染色。

12. 使用黏合贴贴布方法，将暹罗猫熨到图案底布上。围绕贴布边缘用2股绣线进行锁链绣，浅色部分用浅褐色绣线，染色部分用深棕色绣线。按照图样，用细头记号笔画出小猫脸部、腿部和爪子。用2股深棕色绣线以链环绣绣出眼睛、鼻子、嘴、腿和爪子，回针绣绣出胡须。

制作心形图案

13. 用不同的布料剪出12个11.4cm × 14cm布块。按照117页的图样，剪出心形。

14. 使用黏合贴贴布方法，将大心形熨到每个底布块上，小心形熨到大心形中间，熨烫平整。用2股绣线在贴布边缘锁链绣，分别用蓝色、深棕色或浅棕色绣线。

图案拼接和缝边条

15. 留6mm的缝份，如图7所示，把图案拼接到一起。

图7

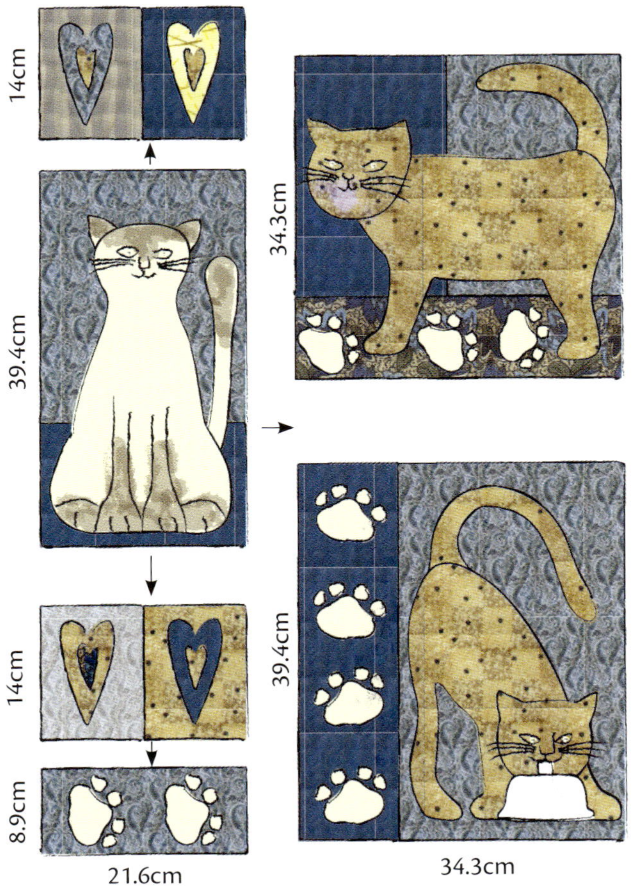

16. 用不同的布料，剪出26根3.8cm × 14cm的布条，做顶部和底布边条。剪出36根3.8cm × 11.4cm的布条做两侧边条。剪4块14cm × 11.4cm的长方形做角部布块。

17. 13根3.8cm × 14cm布条与2块心形图案缝合到一起，做底部边条（见图8）。

另外13根3.8cm × 14cm布条也与2块心形图案缝合，做顶部边条。

18根3.8cm × 14cm布条与2块心形图案缝合，两端各缝上一块长方形，做左侧边条。

另外18根3.8cm × 11.4cm布条也与2块心形图案缝合，两端也各缝上一块长方形，做右侧边条。边条都缝到拼布的图案周围（见图9），熨烫平整。

图8

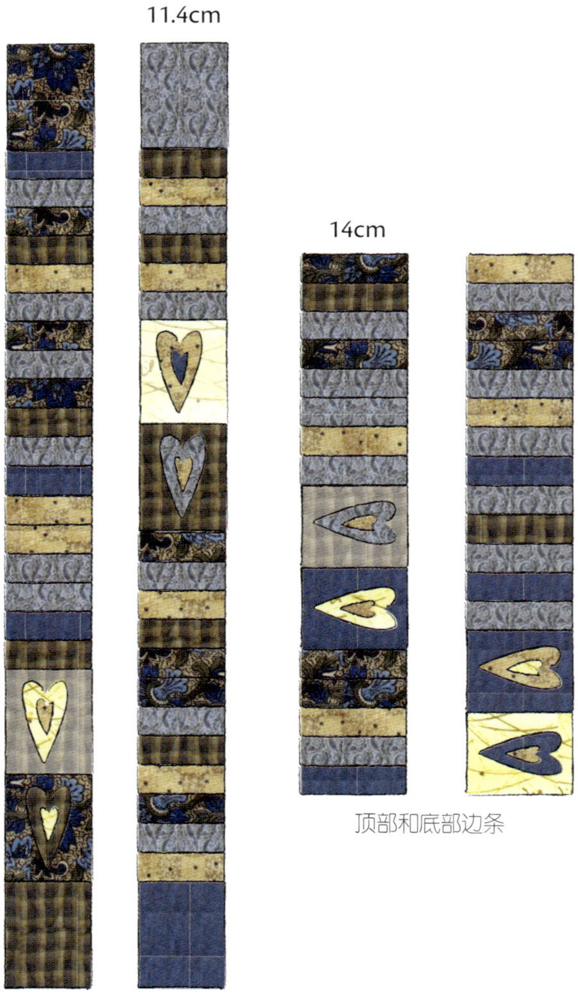

两侧边条

顶部和底部边条

提示

量壁挂时，要量出中线尺寸，确保边条尺寸准确，以免边缘起伏不平。

缝贴布爪印

18. 使用黏合贴贴布方法制作爪印贴布。参照图片的布局缝上爪印。用2股深棕色绣线围绕爪印边缘进行锁链绣。

图9

图10

绗缝和收尾

19. 按照108页说明，把壁挂表布、铺棉和里布3层组合到一起，开始绗缝。可以随自己喜好选择机器绗缝，但我用了手工绗缝。方法如下：

· 用浅色线绗缝猫咪图案之间的线条。

· 对小猫、贴布爪印和心形进行轮廓绗缝。

· 在边条上绗缝出心形，用大心形样板标出形状。

20. 参照图10，按照109页的说明，给壁挂滚边。最后在小猫眼睛处和小心形的中间缝上纽扣，缝时要穿透几层缝牢固。

睡猫针插 purrfect pincushion

睡猫针插形态可爱怡人，谁能抵得住诱惑，还不赶紧为自己制作一个？一旦发现制作又是如此简单，会忍不住为每个喜爱缝纫的朋友做一个。睡猫有两种制作方式，一种用条状贴布，一种用拼布。书中是前一种针插的材料和说明。完成尺寸约为直径10.2cm。

材料

- 20cm × 35.5cm主色布
- 边长15.2cm有颜色反差的正方形布
- 20.3cm × 35.5cm轻薄黏合铺棉
- DMC棉绣线，能与布料颜色相配或形成反差
- 20.3cm × 35.5cm黏合贴
- 2枚直径1.3cm的纽扣
- 缝玩偶用针
- 塑料模板
- 玩具填充棉
- 棕色细头记号笔

准备布块

1. 按照118页图样，用塑料模板制作圆形身子、脸部和耳朵的样板（样板使用说明见104页）。

2. 比着样板，用主色布剪出2个圆形身子，记住周围要另加6mm缝份。再用铺棉剪出2个圆形身子，也要另加缝份。按照使用说明，把2块铺棉分别熨到2块主色布的反面。用主色布和铺棉各剪出1根4.4cm×33cm长条，2条熨到一起。

制作贴布

3. 使用118页的条纹、爪子和拼块图样，记住使用黏合贴贴布方法时，图样要翻过来。按照105页黏合贴贴布方法，把条纹和拼块熨到一个圆形身子上（见图1A），把2个爪子熨到4.4cm×33cm长条中间（见图1B）。用2股颜色相配的绣线围绕贴布边缘锁链绣。如果是拼块贴布，要用颜色有反差的线大针脚缝。缝完后轻轻熨烫平整。

图1

A

B

制作脸部

4. 2块主色布正面相对，脸部样板压在上面，用记号笔围着画出脸部形状，剪出时记住周围加6mm的缝份。再按照样板，用薄黏合铺棉剪出一块脸部形状，也要加6mm缝份。按照使用说明，把铺棉熨到一块脸部形状的反面。以同样方式制作耳朵。

5. 2片耳朵形状正面相对，三面缝合，底部留出返口（见图2）。周围留3mm的缝份剪出耳朵形状。剪去耳朵尖的缝份，翻到正面，整理好形状，轻轻熨烫。

图2

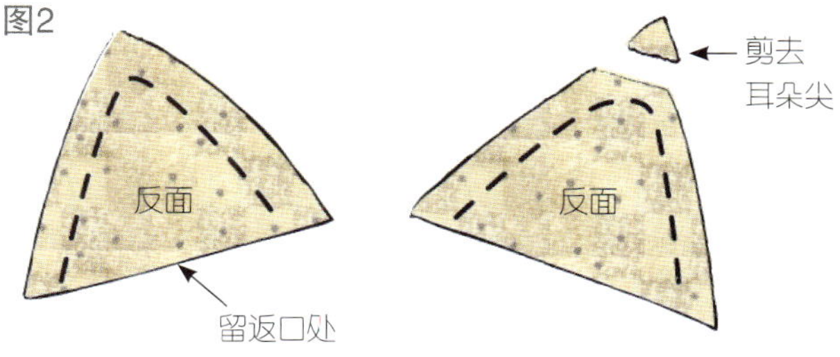

6. 一块脸部形状正面朝上，摆放好耳朵位置（见图3A），另一块脸部形状正面朝下压在上面。用珠针把几层固定，沿边缘缝合1圈（见图3B）。在没熨铺棉的脸部布片上，仔细地剪个小口（见图3C），翻到正面。整理好形状，轻轻熨烫。

图3 A 耳朵摆在顶部

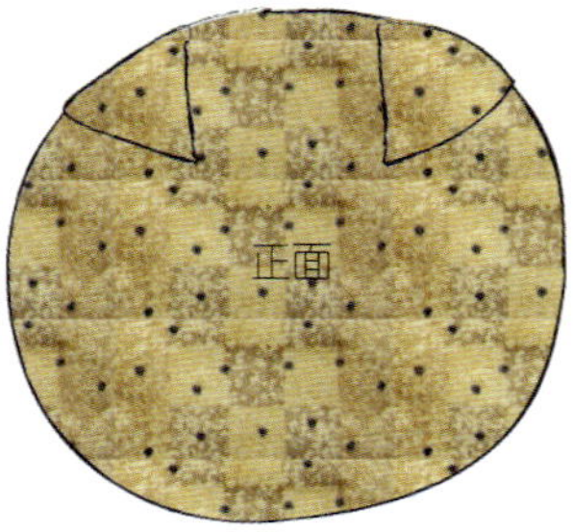

B 珠针固定并缝合1圈

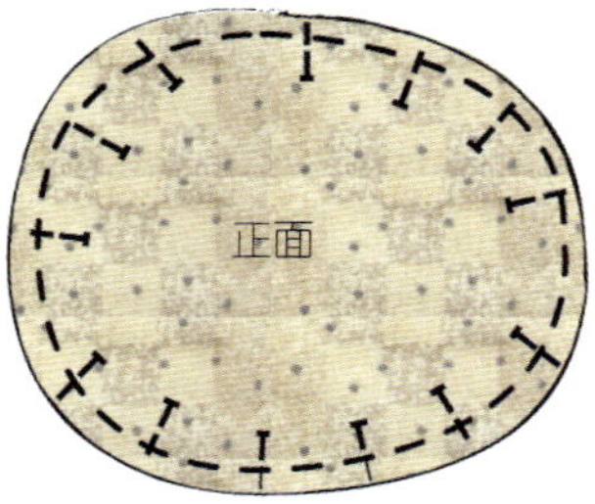

C 外层布片上剪开口

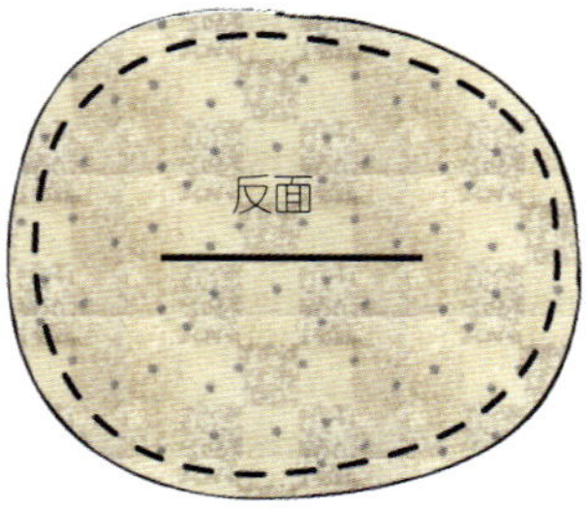

7. 参照作品图片，用记号笔先画出脸部细节，然后用颜色有反差的线以回针绣和缎纹绣绣出。

组合针插

8. 拿出4.4cm×33cm长条，短边相接缝成1个圆环。圆环与圆形身子正面相对，用珠针小心地固定1圈，然后缝合（见图4）。圆环与另一片身子以同样方式缝合，但这次要留大约5cm的返口，缝完后由返口翻到正面。

图4

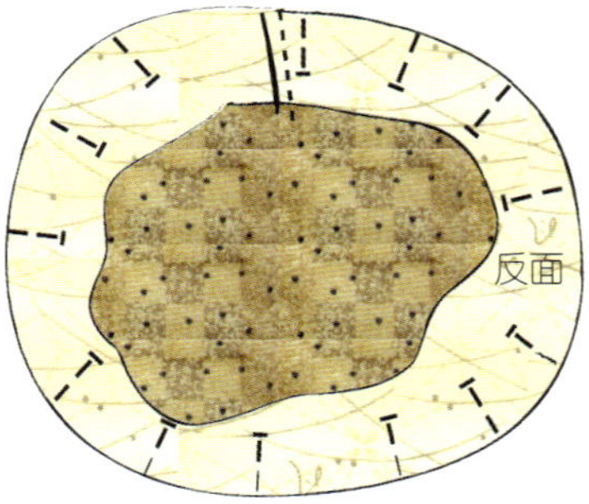

9. 身子用填充棉塞结实，用梯形针缝合开口。在缝玩偶的大针上穿入3股棉绣线，线头打结。从身子正中开始，先缝一小针。圆形身子上面和下面各用1枚纽扣，从上面扣眼入针穿过身子，从下面扣眼出针（见图5）。线要轻轻地拉紧，在针插上形成凹印。继续这样缝，把纽扣缝结实，线头留在看不见的地方。

图5

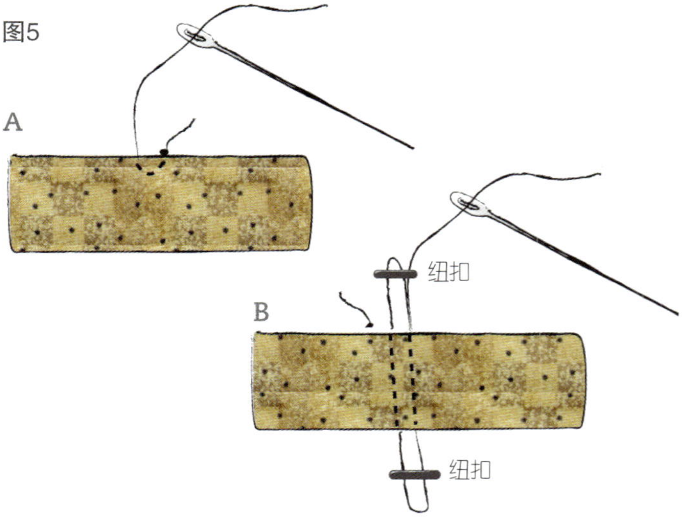

10. 小猫头部摆在爪子的上方，围绕头部针缝固定。我从一个耳朵边开始缝，到另一个耳朵边结束，留下耳朵不缝，看起来更活泼有趣。

好伙伴

best of friends

小狗雨果、小猫费利克斯和小鸟先生是形影不离的好伙伴。在这一章的作品中，不管是贴布还是刺绣，它们3个都与不规则拼布完美结合，形影不离地出现在实用的提包和零钱包上。提包我选择了蓝灰色系列和紫红色系列，制作过程不复杂。加了根边条，使提包的体积增大许多。配了背带，长短自己调节。漂亮的绣缝图案展示在提包前盖上，扣合处用了一枚古色古香的纽扣，很引人注目。

零钱包美观可爱，制作非常快捷，和提包一样只绣缝了简单的好伙伴们形影不离的图案。零钱包古董风格的口金与提包上的纽扣相映成趣，是一对绝佳拍档。

提包 friends hand bag

这个提包很漂亮吧！正反面都用了不规则拼布，提包带可做成自己喜欢的长度，形影不离的伙伴们用了贴布缝，又缝上几个Yoyo花朵。花朵看上去非常美，增加了提包的立体感。我又翻出一枚产于1890年左右的赛璐珞纽扣，古色古香的，为提包面增色不少，很引人注目。提包完成后不包括带子尺寸为24.1cm×24.1cm，提包盖图案大约为15.2cm×19cm。

材料

- 边长25cm的正方形乳白色布，作图案底布
- 各种色彩协调的花布，用于不规则拼布
- 小块布料，作小狗、小猫和小鸟贴布
- 50cm蓝色花布（布幅宽度），作提包带、边条和里布
- 边长25cm的正方形黏合硬衬（选择使用）
- DMC棉绣线：
  310号黑色
  839号深棕色
  926号蓝色
  3012号暗绿色
  3721号紫红色
- 40cm×90cm硬铺棉
- 大约100cm长、5cm宽的薄黏合夹衬
- 棕色细头记号笔
- 1枚直径2.5cm的纽扣
- 塑料模板
- 灯箱（选择使用）

绣线颜色和针法

所用针法如下：回针绣、缎纹绣、平针绣、十字绣、雏菊绣和法式豆针绣。针法说明见110页。如果没有特别说明，一般使用2股绣线。

DMC 310号黑色

小猫眼睛、鼻子和嘴　回针绣
小鸟嘴衔爱心的连线　回针绣
小狗姓名牌的连线　回针绣
小狗和小鸟眼睛　法式豆针绣

DMC 839号深棕色

花茎　回针绣
小狗嘴部　回针绣
小猫的腿、尾巴和耳朵内侧　回针绣
小鸟腿　回针绣
小鸟嘴　缎纹绣

DMC 926号蓝色

小鸟翅膀　回针绣
小鸟胸部条纹　回针绣
小狗项圈　缎纹绣

DMC 3012号暗绿色

叶子轮廓　回针绣
叶脉　平针绣

DMC3721号紫红色

小狗的爱心牌　缎纹绣
小鸟嘴衔的爱心　缎纹绣

贴布和缝绣图案

1. 按照119页的图样，剪出小狗、小猫和小鸟的贴布形状。如果用贴布缝方法，周围要另加6mm的缝份。贴布缝到乳白色布正面。

2. 按照120页的图样，把花叶图案画到乳白色布上，把动物的细节画到贴布上（转印图案说明见104页）。可以使用细头记号笔徒手画出线条，也可以借助灯箱描画出线条。

3. 图案转画到布上后，就可以按照69页说明的绣线颜色和针法开始绣缝。但如果选择使用硬衬，要在绣缝开始前熨上。绣缝完成后，在反面熨烫平整。

制作Yoyo

4. 按照119页的Yoyo图样，用塑料模板制作出样板。按照107页说明，用不同花布制作5个Yoyo。参照图片，把Yoyo针缝到位。

剪提包布块

5. 按照119页的图样，剪出提包前片、后片和边条纸样，用塑料模板制作提包盖样板。

6. 用硬实的铺棉剪出下列形状：1块30.5cm×46cm，画上提包后片形状；1块28cm×30.5cm，画上提包前片形状；再剪1块边条。

用蓝色花布剪出下列形状：1块提包后片和1块后片里布；1块提包前片和1块前片里布；边条也剪2块，1块表布，1块里布。剪2根5.7cm×89cm长布条，做提包带，再剪1根3.8cm×11.4cm小布条，做纽扣襻。

用薄黏合夹衬剪出5.7cm×89cm长条（已包括缝份），做提带里衬。

缝不规则拼布

7．先缝提包前片。选择各种颜色协调的布块，把1块五边形布块正面朝上，用珠针固定到做提包前片的硬铺棉中间（见图1）。再拿1根布条，与第1块正面相对，一边对齐，机缝在一起，然后展开，熨烫平整。顺时针方向一块布一块布往上加，布块的形状和大小都不相同，情趣也各异。记住要缝上一块，熨平一块，直到覆盖整个提包前片，并超出边线，包括缝份。缝好后熨烫平整，剪出前片形状，剪时记住要加上缝份。先放一边待用。

图1

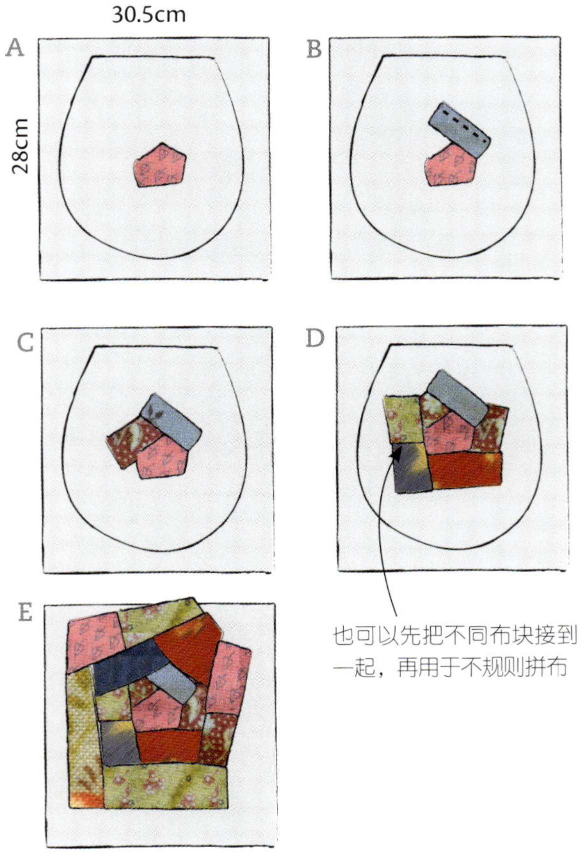

8．提包后片的拼布以同样方式缝制，覆盖超过铺棉上面标线6mm时就可以停止，这是后片的截止线，也是提包盖图案的开始线（见图2）。

图2

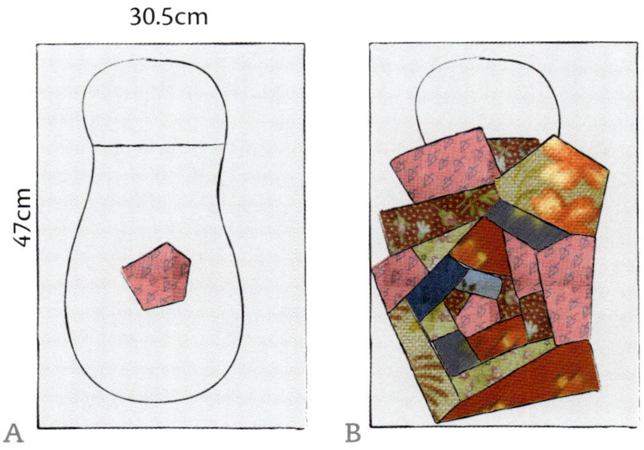

组合提包

9．拿出提包盖图案和提包盖样板，将样板居中压在图案背面。确定位置后，用铅笔沿着样板画线。留6mm缝份，剪出提包盖。

10．将图案与提包后片缝到一起，仔细地熨烫平整。剪出提包后片，记住要另加6mm缝份。

11. 用珠针把一块事先剪好的蓝花布边条和一块硬铺棉边条固定到一起，在中间机缝一条线，中线两侧再各机缝一条线（见图3）。

图3

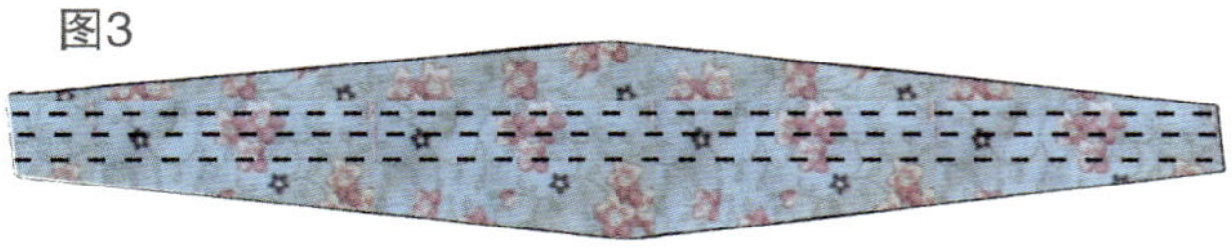

12. 边条横着对折，用珠针标出中间折线。提包前片与边条正面相对，折线对准提包底部中心，小心地用珠针把2片固定（见图4）。机缝这2片，并在缝份上剪出牙口。提包后片以同样方式和边条缝合，缝份上也要剪出牙口。

图4

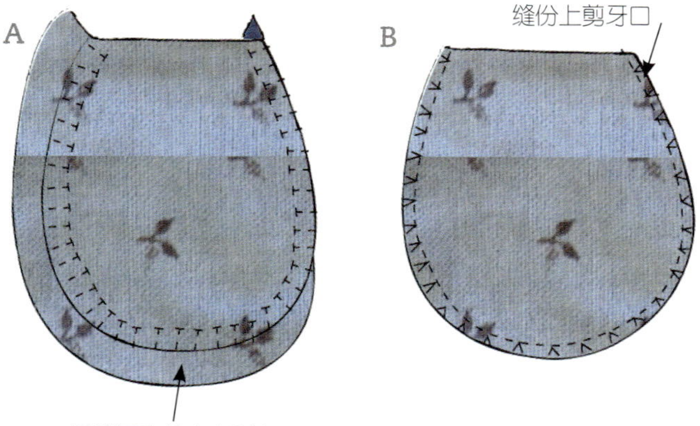

13. 提包和边条里布以同样方式缝合，只是在底部的一侧要留个10.2cm的返口。提包各块都缝到一起时，要通过这个返口翻到正面。

缝提包带和纽扣襻

14. 拿出事先剪好的2条蓝花布提包带，其中一条的反面熨上薄黏合夹衬。然后将2根布条正面相对，沿着两边用机缝，每边都要留6mm的缝份。

15. 布条翻到正面，熨烫平整。在离两边6mm处各机缝一条线，这两条线既能保持提包带形状，又能使其更加结实。

16. 缝纽扣襻时，把事先剪好的蓝花布条正面相对，纵向对折。留6mm的缝份，边缘缝合。翻到正面，熨成环状，纽扣襻用珠针固定到提包盖前边正中心，这时环口要朝上（见图5）。用珠针把提包带两头固定到位（见图6）。

图5

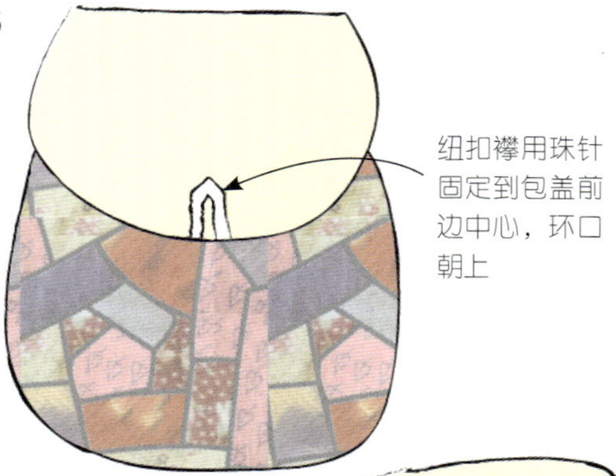

图6

17. 提包外层塞入缝好的提包里布，与里布正面相对。边缘用珠针仔细固定，中心和边缝都对齐后机缝。

18. 通过里布上的返口，将提包翻到正面，整理好形状，熨烫边缘，里布要服帖整齐，不能露出来。沿着提包口和提包盖机缝（见下边提示），缝合里布上的返口，并缝上选好的纽扣。现在可以享用劳动成果啦！

提示

留3mm的边，沿着提包口和提包盖机缝，会使边缘看起来整齐结实。

零钱包 little purse

小小钱包，温馨可爱，与手提包是完美搭配。一天就要结束了，3位形影不离的伙伴还舍不得分开，在静静地享受着花园的美景。古色古香的钱包口金把简单的线条图案衬托得更美。完成后尺寸大约为12.7cm×12.7cm。

材料

- 边长20cm的正方形乳白色布，用于绣缝图案
- 边长20cm的正方形蓝色花布，作背面和里布
- 边长20cm的正方形黏合硬衬（选用）
- DMC棉绣线：
  310号黑色
  839号深棕色
  3012号暗绿色
  3721号紫红色
  3768号蓝色
- 钱包口金，书中的是9cm宽、10.2cm长
- 薄黏合夹衬
- 棕色细头记号笔
- 灯箱（选用）

绣缝图案

1. 把120页上的图样描画到纸上，蒙到灯箱或有亮光的窗户上，可用胶带纸固定以防止其滑动。乳白色布正面朝上蒙在图案上，用记号笔描画。图案描画好后，就可以开始绣缝了。如果使用黏合硬衬，要先熨上，再开始绣缝图案。

绣线颜色和针法

所用针法如下：回针绣、缎纹绣、锁链绣、十字绣、平针绣和法式豆针绣。针法说明见110页，如果没有特别说明，一般使用2股绣线。

DMC 310号黑色

小猫轮廓　回针绣

小猫眼睛、鼻子和嘴　单股线回针绣

小鸟嘴衔爱心的连线　单股线回针绣

小狗和小鸟眼睛　法式豆针绣

小狗嘴　回针绣

DMC 839号深棕色

小狗轮廓　回针绣

小狗身上斑点　缎纹绣

小狗身上十字　十字绣

花茎　回针绣

小鸟腿　回针绣

DMC 3012号暗绿色

叶子轮廓　回针绣

叶脉　平针绣

DMC 3721号紫红色

花朵　锁链绣

小狗的心形牌　缎纹绣

小鸟嘴衔的爱心　缎纹绣

DMC 3768号蓝色

小鸟和小鸟翅膀轮廓　回针绣

小鸟尾部条纹　平针绣

小狗项圈　缎纹绣

花心　法式豆针绣

剪钱包布块

2．用塑料模板剪出钱包样板，不要忘记加6mm的缝份。样板压在完成的绣图上，底边对齐，你会发现顶部空间较大，这是为了安口金。比着样板画线，剪出形状。

3．按照样板剪出3块花布：1块作钱包背面，2块作里布。再按样板剪出2块薄黏合夹衬。

缝外层和里布

4．按照厂家的使用说明，将一块黏合夹衬熨到一块花布反面，另一块黏合夹衬熨到绣图反面。

5．熨了夹衬的布块与绣图布块正面相对，用珠针固定。留6mm的缝份，从A机缝至B（见图1）。从返口处翻到正面，轻轻熨烫平整。

图1

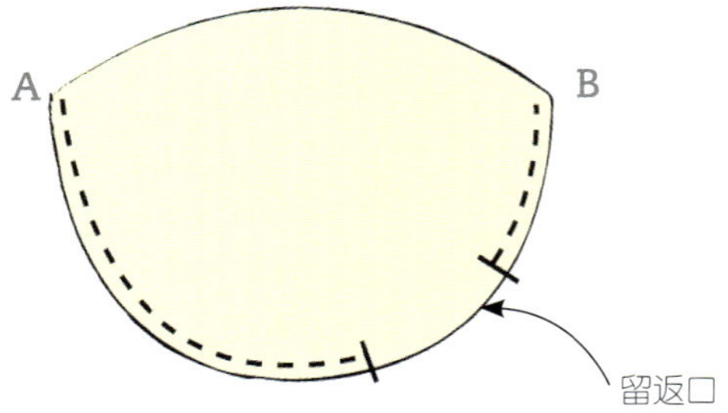

6．另外2块花布也正面相对，留6mm的缝份，同样从A机缝至B，但要在一侧留大约6.3cm的返口。

提示

准备好多做些这样的小钱包吧（还有手提包）。朋友们看到这么可爱的零钱包时，一定都想要！

组合钱包

7. 钱包外层塞入里布（见图2），边缝对齐，用珠针固定顶边。留6mm的缝份，把外层与里布缝合。通过里布上留的返口，将钱包翻到正面（见图3），然后缝合返口。整理成形后，熨烫平整。

图2

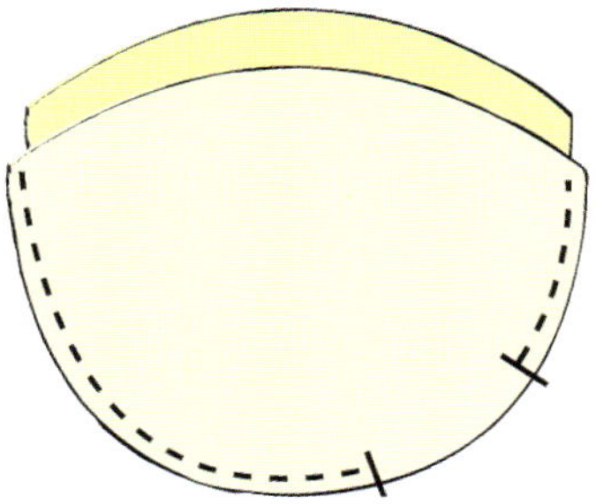

图3

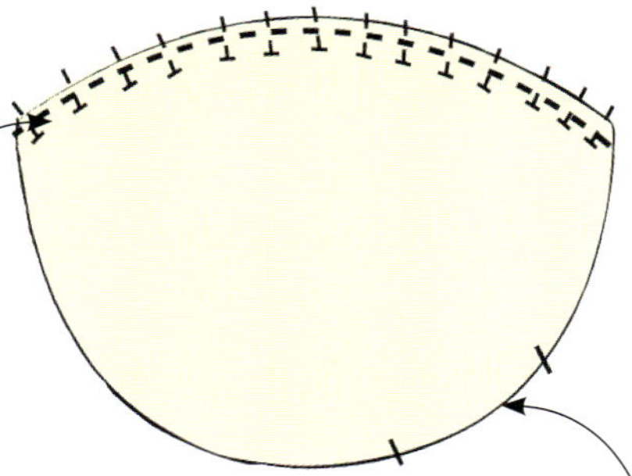

8. 安口金时，要先沿着钱包顶边缝平针缩缝，不必缩缝很多，顶边能装入口金即可。用3股DMC蓝色绣线，从前片中间开始，线头打结留在里布上，穿过口金中间的孔缝到正面。顶边都要塞入口金边里面，回针缝至钱包一侧，打结收针。再回到中间，缝另外一侧。口金的另一半以同样方式缝上。去掉缩缝的平针线，零钱包就完成啦。

休闲夏日

summer holiday

这部分推出的是个小花被，十分迷人，坐车去旅行时可以用来盖在腿上。花被由5块贴布和绣缝图案组成，都是雨果、费利克斯和小鸟先生夏日休闲的场景。三位一体的亲密伙伴一会儿在忙着打包装车，准备出发；一会儿又在房车外惬意地休息，或在海滨夕阳中野餐，当然还堆起了必不可少的沙堡。图案中间插入了单片和9片组成的拼布，花被还加了内外2圈边条。制作这样的作品既是挑战，也是极大的享受。

还有个漂亮的相册封套等你去完成，为你夏日休闲时的美照增色添彩。书中的相册套用了3位伙伴在路途上的图案，但你可以选择花被中其他4幅中的任何一幅，自己喜欢就行。

休闲花被

holiday fun lap quilt

这是个令人心情十分愉悦的花被，图案中3位好朋友在度假休闲。这幅迷人的花被由5块不同的绣缝区块组成，每个区块又是由4个九块拼布和一块拼布组合而成。绣缝区块的边条则是由三角形英式拼布块组成，再加上内边条和外边条就完成了整个花被作品。如果没有特别说明，下边列出的布料尺寸均指布幅宽度。完成后尺寸大约为89cm×89cm。

材料

- 60cm乳白色布，用于绣缝图案
- 15种各色花布，每种20cm
- 20cm绿色格布，作内边条
- 20cm蓝色花布，作滚边
- 60cm黏合硬衬
- DMC棉绣线：
  310号黑色
  729号古金色
  3011号绿色
  3721号暗红色
  3768号蓝色
  3781号棕色
  白色
- 细头不褪色记号笔
- 薄卡纸，用于英式拼布
- 106cm×106cm底布
- 106cm×106cm铺棉
- 灯箱（选用）

描画图案

1. 用乳白色布剪出5块边长28cm的正方形，绣缝和贴布图案完成后，将布块修剪至边长24.1cm。

2. 使用121~125页的图样，把图案描画到乳白色布正面（转印图案方法见104页）。描画每个布块的图样时，要按一定顺序：先描画图样A，然后用贴布图样，贴布完成后，再描画上图样B的绣缝图样。

3. 使用贴布缝的方法（见105页说明），把图形一一绣缝到位，不要忘记四周要加6mm的缝份。

绣缝图案

4. 图案描画完成后，就可按照82~86页的绣线颜色和针法开始绣缝，但如果使用黏合硬衬，要在绣缝开始前熨上。如果没有特别说明，一般使用2股DMC绣线。使用的针法如下：回针绣、十字绣、法式豆针绣、雏菊绣、长直针绣、长短直针绣、平针绣和缎纹绣。各种针法说明见110~111页。绣缝完成后，轻轻反面熨烫。

打包出发图案 绣线颜色和针法

使用的针法有：回针绣、十字绣、法式豆针绣、雏菊绣、长直针绣、长短直针绣、平针绣和缎纹绣。

DMC 310号黑色

音符　回针绣和法式豆针绣

小狗眼睛和嘴　法式豆针绣和回针绣

手提箱角撑　回针绣和法式豆针绣

DMC 729号古金色

手提箱衬里　平针绣和回针绣

足球纹线连接点　缎纹绣

DMC 3721号暗红色

小狗项圈和心形牌　缎纹绣

小被上心形　缎纹绣

铁锹　回针绣

DMC 3011号绿色

手提箱内小桶　回针绣

足球纹线　回针绣

DMC 3768号蓝色

小被上线条和轮廓线　回针绣

足球轮廓线　回针绣

小鸟　回针绣和平针绣

DMC 3781号棕色

手提箱和提柄　回针绣

手提箱后小猫耳朵和头顶　回针绣

小狗骨头　回针绣

小鸟眼睛、嘴和腿　法式豆针绣和回针绣

布块轮廓线　回针绣

快乐旅途图案 绣线颜色和针法

使用的针法有：回针绣、十字绣、法式豆针绣、雏菊绣、长直针绣、长短直针绣、平针绣和缎纹绣。

DMC 310号黑色
小鸟眼睛　法式豆针绣
小猫爪子、眼睛、嘴和鼻子　单股线回针绣
小狗眼睛和嘴　法式豆针绣和回针绣
道路中线　平针绣
排气管内圆环　回针绣
行李签上的系绳　回针绣

DMC 729号古金色
鸟笼　回针绣
行李签　缎纹绣
小狗名字牌　缎纹绣
排气管外圆环　回针绣

DMC 3011号绿色
道路两侧虚线　平针绣
树叶　雏菊绣
布块轮廓线　回针绣

DMC 3721号暗红色
车牌上心形　缎纹绣

DMC 3768号蓝色
小狗项圈　缎纹绣
树上小花　法式豆针绣
小鸟轮廓　回针绣
手提箱提柄　回针绣

DMC 3781号棕色
小猫轮廓　回针绣
树干和树枝　回针绣
小狗身子轮廓　回针绣
车牌上爪印　回针绣
道路边线　回针绣

夕阳野餐图案 绣线颜色和针法

使用的针法有：回针绣、十字绣、法式豆针绣、雏菊绣、长直针绣、长短直针绣、平针绣和缎纹绣。

DMC 310号黑色

爪印　缎纹绣
小猫　长短直针绣
鱼骨　单股线缎纹绣和回针绣
小狗补丁上的线条　长直针绣

DMC 729号古金色

太阳和光芒　回针绣
篮子　回针绣

DMC 3011号绿色

瓶子　回针绣
瓶塞　缎纹绣

DMC 3721号暗红色

小狗项圈　缎纹绣
树上小花　法式豆针绣
小狗的心形牌　缎纹绣
垫子的线条和流苏　回针绣

DMC 3768号蓝色

海平面　回针绣
海洋波浪　回针绣
树上小鸟　回针绣

DMC 3781号棕色

树干和树枝　回针绣
小狗耳朵　缎纹绣
小狗骨头　回针绣
陆地边虚线　平针绣

DMC白色

小猫的耳朵尖儿和尾巴尖儿　缎纹绣

房车营地图案 绣线颜色和针法

使用的针法有：回针绣、十字绣、法式豆针绣、雏菊绣、长直针绣、长短直针绣、平针绣和缎纹绣。

DMC 310号黑色

轮胎 回针绣
房车上烟囱 回针绣
房车拖杠 回针绣
小狗短裤上系绳 回针绣
窗框 回针绣
门帘轮廓 回针绣
门帘纹线 平针绣
小狗眼睛 法式豆针绣
小狗嘴 回针绣
小猫眼睛、鼻子和嘴 回针绣
小猫食盆 回针绣

DMC 729号古金色

躺椅框 回针绣
房车轮毂盖 长直针绣
小狗短裤上花纹 缎纹绣

DMC 3011号绿色

草地线条 回针绣
草地线条下虚线 平针绣
花茎 回针绣

DMC 3721号暗红色

窗帘 回针绣
小狗短裤上花纹 缎纹绣
小花 法式豆针绣
牛奶杯 回针绣
小狗项圈上心形牌 缎纹绣

DMC 3768号蓝色

小鸟 回针绣和平针绣
小狗短裤轮廓 回针绣
小狗项圈 缎纹绣
小猫食盆 回针绣

DMC 3781号棕色

小狗 回针绣
小猫 回针绣
布块轮廓线 回针绣

海滨沙堡图案 绣线颜色和针法

使用的针法有：回针绣、十字绣、法式豆针绣、雏菊绣、长直针绣、长短直针绣、平针绣和缎纹绣。

DMC 310号黑色

小鸟眼睛　法式豆针绣
小猫眼睛、鼻子和嘴　单股线回针绣
小狗眼睛和嘴　法式豆针绣和回针绣
小狗姓名牌　缎纹绣
螃蟹眼睛　法式豆针绣
旗子上爪印　回针绣
旗杆　回针绣

DMC 729号古金色

太阳　中心法式豆针绣和回针绣
太阳光芒　平针绣
沙滩上边线　回针绣
沙滩上纹点　法式豆针绣
小鸟短裤上花心　法式豆针绣
小鸟腿和嘴　回针绣
布块轮廓　回针绣

DMC 3011号绿色

小桶　回针绣

DMC 3721号暗红色

小狗项圈　缎纹绣
铁锹　回针绣
小鸟短裤上轮廓和小花　回针绣和长直针绣

DMC 3768号蓝色

旗子轮廓　回针绣
沙堡窗户　回针绣
救生圈　回针绣和缎纹绣
小鸟　回针绣和平针绣

DMC 3781号棕色

小猫轮廓和衣服纹线　回针绣
小狗轮廓　回针绣

缝制图案边条

5. 绣缝完成后，用英式拼布法（见106页）为每幅图案缝制边条。按照下边的三角形图样（见图1），用薄卡纸剪出180个三角形。再按图样制作1个卡纸三角形，在周围加上6mm的缝份，使三角形的边长为5.3cm（见图2）。按照这个大卡纸样板，用各种花布剪出180块三角形布。

图1　三角形图样
（实际尺寸）

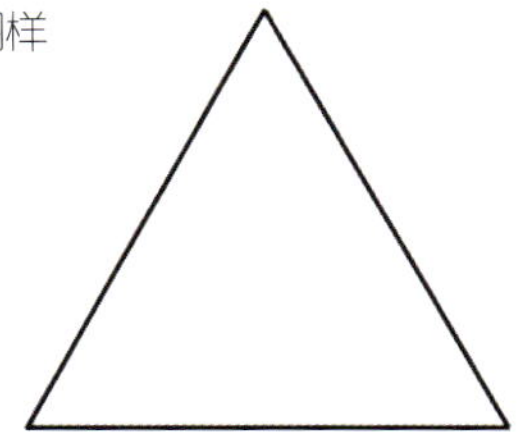

图2

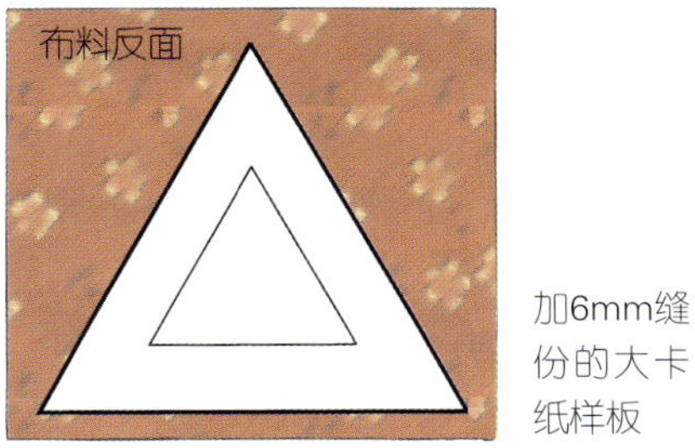

6. 将一块卡纸小三角形压在三角形布块反面，布块边缘折起包住卡纸边，疏缝固定。布一定要扯紧，角部要塞入缝牢固（见图3）。所有三角形布块都用同样方法缝制。

图3

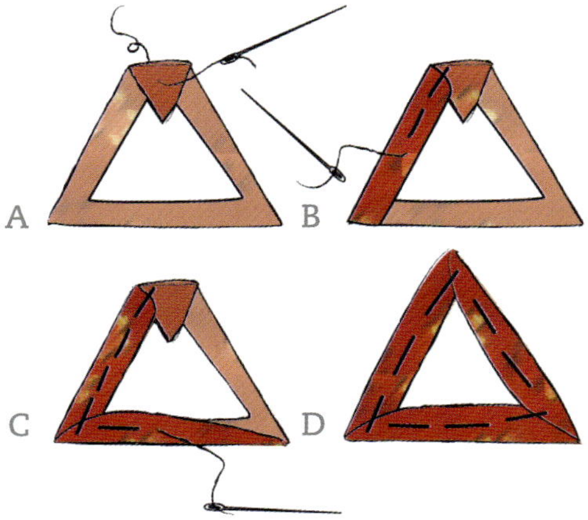

7. 按照下边扇形图样（见图4）用薄卡纸剪出20个纸样。再制作1块卡纸样板，但周围要和三角形卡纸样板一样加6mm的缝份，用各种花布按照这个大样板剪出20块扇形。

图4　扇形图样
（实际尺寸）

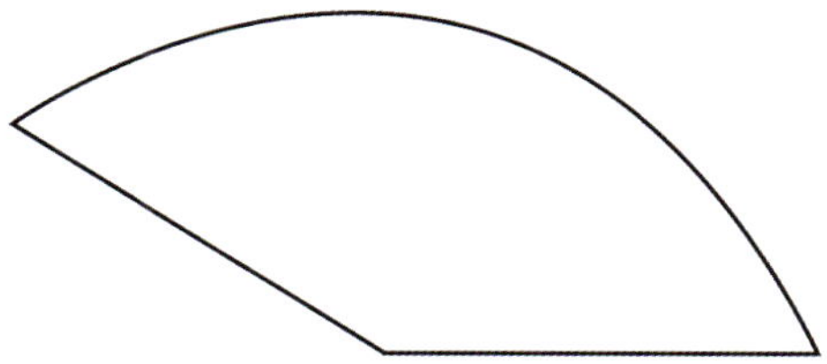

8. 1块扇形卡纸压在扇形布块的反面，布块边缘折起包住卡纸边，疏缝固定。其余布块用同样方法缝制。

9. 2块三角形正面相对，用小针脚卷针缝缝合，注意不要缝住卡纸。9块三角形缝到一起后，缝上1块扇形布块。继续一块一块往上缝，直到完成整个边条，再熨烫平整。小心地去掉卡纸，边条围在图案四周。先用珠针固定，然后用藏针缝把边条缝到位，熨烫平整。每个图案都以同样方法制作1个边条。

图5

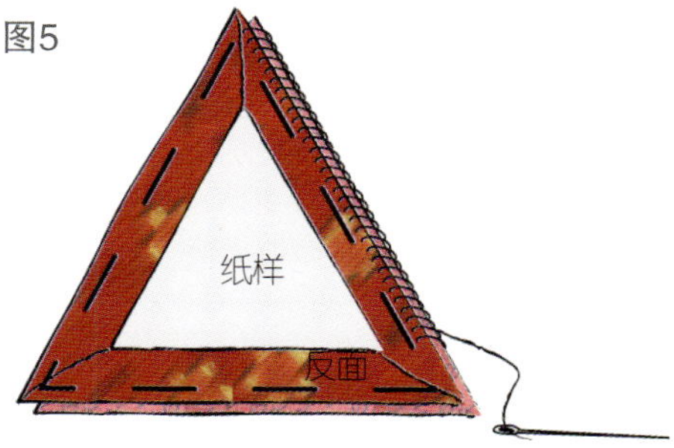

制作拼布

10. 用各种花布剪出180块边长3.8cm的正方形，留6mm的缝份，把9块正方形缝到一起（见图6），总共缝成20个九块拼布。再用各种花布剪出16块边长8.9cm的正方形。

图6

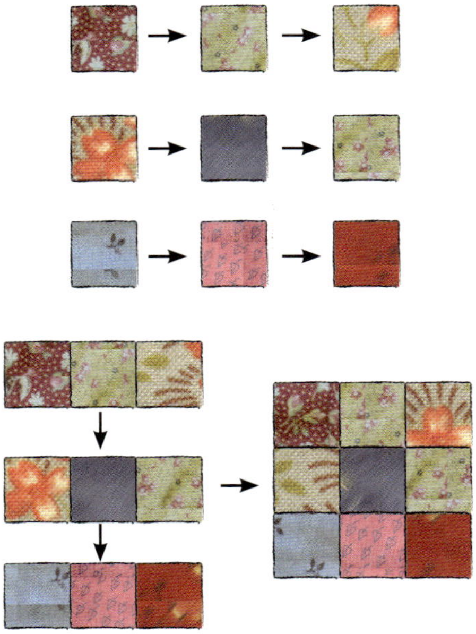

11. 按图7所示，将5个九块拼布与4个一块拼布缝合到一起，总共缝成4个区块。完成的区块包括缝份为边长24.1cm的正方形。

图7

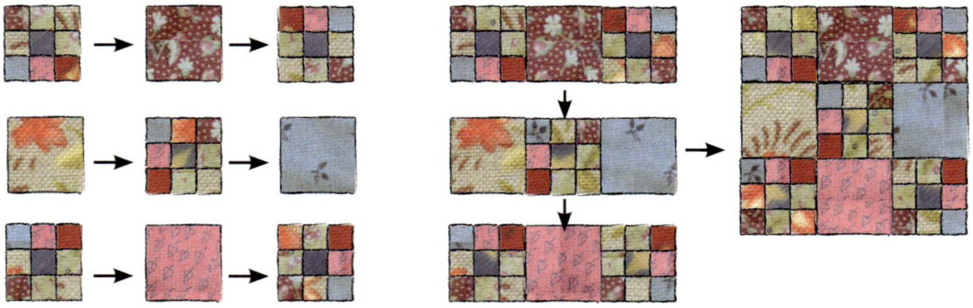

休闲花被虽然布局简单，却令人印象深刻。三角形组成的图案边条突出了图案，格外引人注目。将花被上3位好朋友的经历编成睡前故事，孩子们一定喜欢听。

组合和缝边条

12. 将图案区块修剪至边长24.1cm的正方形（包括缝份）。参照89页的花被照片，留6mm的缝份，把所有区块缝合到一起。

13. 用内边条布料剪出2根5cm×70cm长条，作为顶部和底部内边条。再剪2根5cm×77.5cm长条，作为两侧内边条。先缝上顶部和底部的内边条，再缝上两侧的内边条，都要留6mm的缝份。缝好后，熨烫平整。

提示

剪边条之前，量一量花被的实际尺寸，看看是否和书中尺寸有出入，然后调整。

14. 做外边条时，要用各种花布剪出64块边长6.3cm的正方形。选出其中的15块，留6mm的缝份，缝合到一起，作为顶部边条。底部边条以同样方式缝合。2根边条分别缝到花被顶部和底部。再用17块正方形，缝合成左侧边条。右侧边条以同样方式缝合。最后将两侧边条缝合在拼布上。

绗缝和收尾

15. 按照108页说明，把花被表布、铺棉和里布组合到一起，然后进行绗缝，最后按照109页说明滚边。书中用了手工绗缝，方法如下：

· 紧贴绣缝图案绗缝出轮廓线，围绕拼布块外圈的回针线绗缝轮廓线。

· 在一块拼布上绗缝出心形线条（见下图），在九块拼布上对角绗缝出十字。

· 在内边条上绗缝出双心形线条，每个角绗缝1个十字（见下图）。

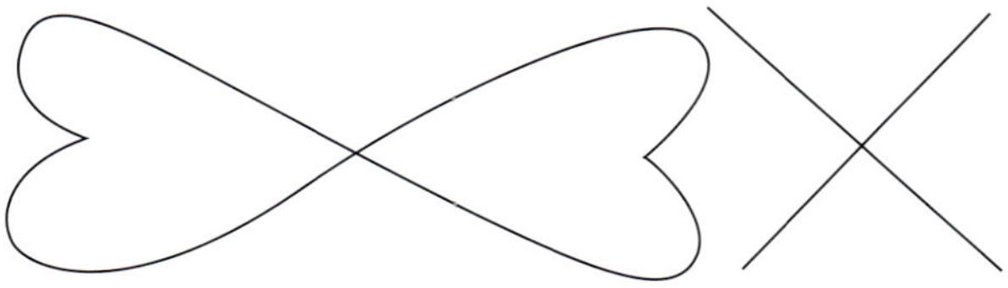

内边条上图形

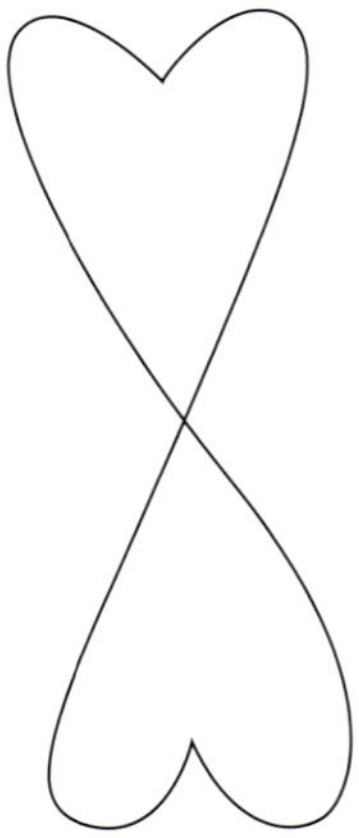

一块拼布上图形

所有图形要放大166%至实际尺寸

相册封套 photo album

相册穿上外套会更加美观漂亮，非常适合用来展示特殊假日的照片。封套上的图案令人愉悦，结合了刺绣、贴布和英式拼布方法，展示了3位好朋友的快乐旅程，是其中的一幅花被图案。当然也可以选用其他图案。图案完成后尺寸为24.1cm×24.1cm。

材料

- 相册，书中的尺寸为边长35.5cm的正方形
- 81cm红布，作封套和里布
- 边长30.5cm的乳白色亚麻布
- 15种小块花布，作贴布和边条
- DMC棉绣线：
  310号黑色
  729号古金色
  3011号绿色
  3721号暗红色
  3768号蓝色
  3781号棕色
  白色
- 细头不褪色记号笔
- 薄卡纸，用于英式拼布
- 边长30.5cm黏合硬衬（选用）
- 40.5cm薄黏合夹衬
- 灯箱（选用）

描画图案

1. 使用122页的快乐旅途图样，把图案描画到乳白色正方形亚麻布正面（转印图案说明见104页）。注意，描画每个布块的图样时，要按一定顺序：先描画图样A，然后用贴布图样进行贴布缝，完成后，再描画上图样B的绣缝图样。

2. 使用贴布缝（见105页）缝好相关贴布。不要忘记四周都要加6mm的缝份。

绣缝图案

3. 图案描画好后，就可以开始绣缝了。如果使用黏合硬衬，要在绣缝开始前熨上。绣缝时要按照83页的说明进行。

4. 图案绣缝完成后，轻轻反面熨烫，图案修剪至边长26cm大小，四周折起大约6mm，疏缝固定，熨烫平整。

制作图案边框

5. 按照87页步骤5～9的说明，用英式拼布方法制作图案边条。

制作封套

6. 封套的尺寸取决于相册的大小。剪布料前，要量出相册面边缘到相册底边缘的尺寸，每边再另加上10.2cm作为折边。本书中的相册尺寸是71.1cm×34.6cm，因此剪出2块92.7cm×36.8cm的红布分别作表布和里布。

7. 在1块红布的反面熨上黏合夹衬。表布和里布正面相对，四周留6mm的缝份，将2块布缝合，但要留出翻到正面的返口（见图1）。剪去角部缝份，翻到正面，熨烫平整。正面不能露里布，以藏针缝缝合返口。

图1

8. 将缝到一起的布蒙到相册上，两头折进去，用珠针固定，注意两头的折边要相等。取下封套，针缝固定折边（见图2）。

图2

9. 封套套到相册上，图案置于正面居中，位置满意后用珠针固定。封套取下来，用藏针缝缝上图案，再套到相册上。漂亮的相册封套就完成啦。

永远的朋友

forever friends

小狗雨果和小猫费利克斯总是形影不离，从很小的时候起，它们干什么都在一块儿，一块儿在花园里戏耍，一块儿捉虫子，一块儿喝水，就是睡着了也在一块儿。在这一部分的小壁挂上，可以看出它们是多么亲密无间！

壁挂运用了刺针绣技术，绣线用笔状的空心针刺过布料，在布面形成密密的绒状线圈，有点儿像地毯的绒面。刺针绣更精细，也更有趣味，还可以与拼布和贴布方法结合使用。书中的壁挂上最后涂了些胡桃色墨水，看起来古朴雅致。

100页展示的针线盒盖子上也用了针刺绣技术，上面的图案是雨果和它的另一个朋友——小鸟先生。这里用的是圆形木盒子，你可以选择不同的盒子进行包装，自己喜爱就好。

壁挂

friends wall hanging

这幅刺针绣壁挂很温馨，色彩浓郁，质地厚实，记录了小狗雨果和它的好朋友费利克斯在花园里的一天。壁挂用了粗织绣布，有点儿像亚麻布或厚平布，很适合用于刺针绣。完成后尺寸大约为16cm×11cm。

材料

· 边长30cm的粗织布

· 15.2cm×20.3cm毛绒布，作里布

· DMC棉绣线：
  310号黑色
  815号深红色
  935号深橄榄绿色
  3033号浅石青色
  3032号石青色
  3740号紫红色
  3781号深棕色
  3808号暗蓝色
  3829号古金色
  浅棕色

· 带粗结或带线圈的黑羊毛线，用作边缘

· 刺针

· 细头记号笔

· 灯箱（选用）

· 直径18cm的绷子

· 30.5cm长的绳子，用于悬挂

· 用于作旧的胡桃色墨水（或用茶叶染方法）

描画图案

1. 按照126页的图样，借助光亮（灯箱或窗户均可），用细头记号笔把刺针绣图案描画到粗织布中间（正反面都可）。图样要反面描画，因为刺针绣是把图案从反面刺入正面。

2. 图样描画好后，把布块绷到绷子上。布要绷紧，但一定不能扭曲图样。

针刺图案

3. 现在可以开始针刺图案。这幅图由于有大片部位需要填充，因此用了6股DMC绣线。下列说明主要针对凯米欧（Cameo）牌刺针，如果用其他的刺针，要遵照生产厂家的使用说明。按照图1A~E，把绣线穿入Cameo刺针。这套装置实际上是由两部分组成的：刺针部分和穿线器（见图1A）。先把刺针调到1号点位，这个位置刺出的线圈最小。穿线器从刺针头插入，穿过刺针管，从针柄尾部出来（见图1B）。绣线穿过金属丝的折头，将穿线器从刺针处慢慢拉回（见图1C）。一旦绣线带出刺针头，就去掉穿线器上的线，将穿线器从后面或者从圆头处穿过针孔到倾斜的正面，使绣线穿过金属丝（见图1D）。穿线器从针孔慢慢拉回，将线取下，针孔上留下大约2.5cm线头（见图1E）。

图1

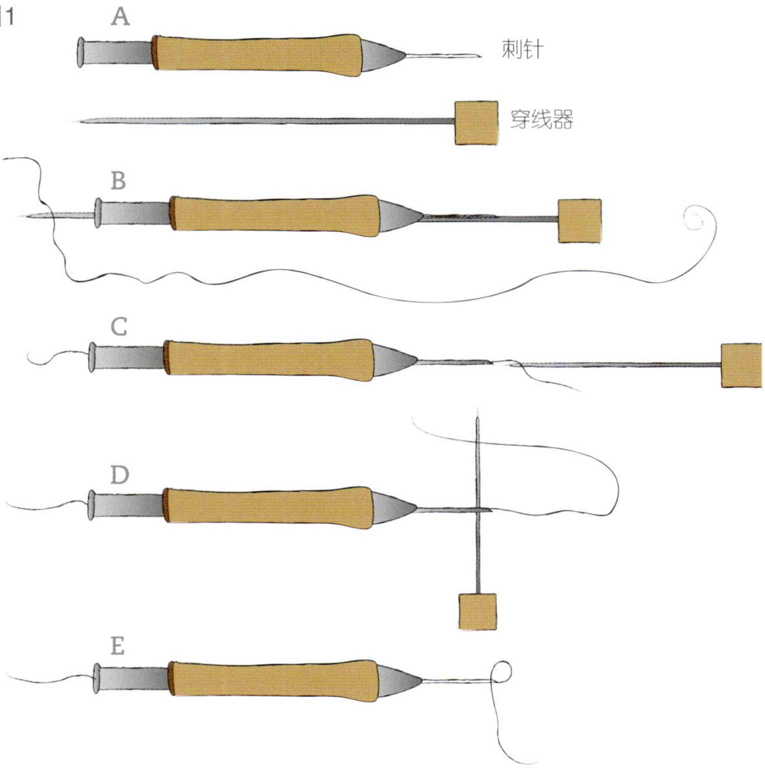

图2

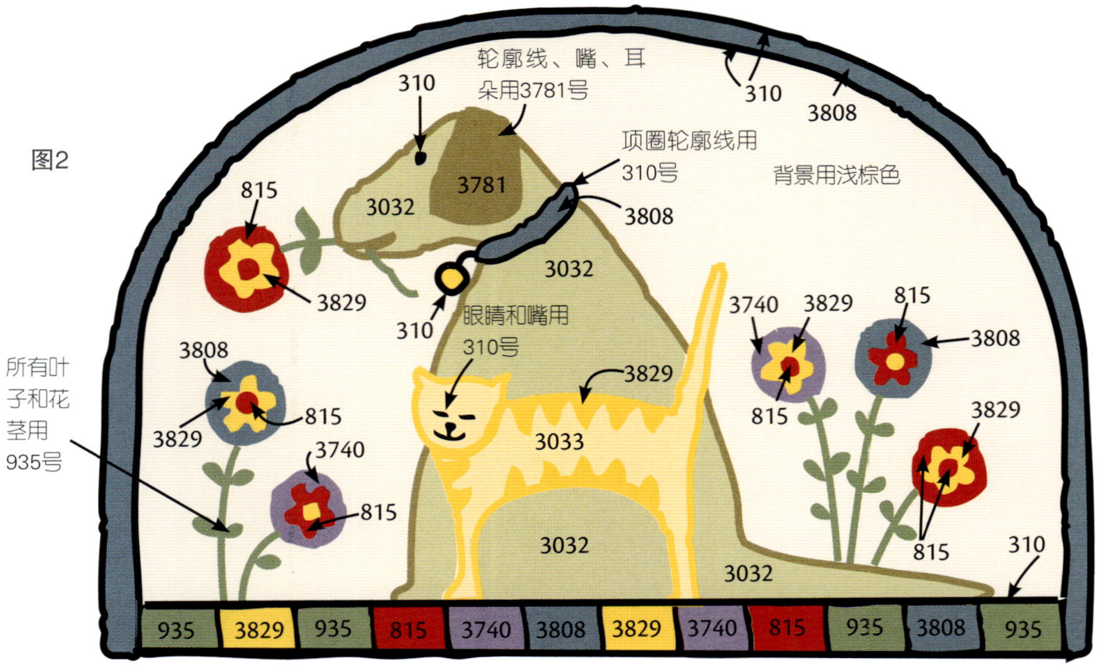

4. 按照图2所示绣线颜色进行刺针绣，一般情况下，都从图案中心开始向外圈绣，留下背景最后绣。刺针绣都是从反面绣，从反面看起来是小平针绣。所用线号和颜色见图2。

5. 就像拿笔一样，要竖直拿刺针，针头倾斜的正面要和拇指的指甲同一个方向（见图3A）。针头很锋利，因此我总是把绷子压在桌子边上，以免扎着手指。确定开始的部位后，线头拨向一边，让绣线松松地从手上滑过。绣线一旦被什么绊住，会把绣好的地方又拉出来破坏掉，很令人沮丧。仔细地把针刺入布料到针柄位置，直到不能再朝下刺为止（见图3B）。轻轻把针提起，但针尖不能离开布面（见图3C）。针尖稍稍移动，紧挨着第1针刺入第2针（见图3D）。就这样刺入、提起、移动，继续下去，确保每一针都刺到针柄处，这样才能保证线圈的高度整齐一致。开始时要慢慢来，专注于正确的方法，熟练以后速度自然加快。偶尔看一眼正面，一定不要慌乱。开始时线圈显得松散无形，随着越绣越多，越绣越密，线圈自然会相互支撑，竖立起来。

图3

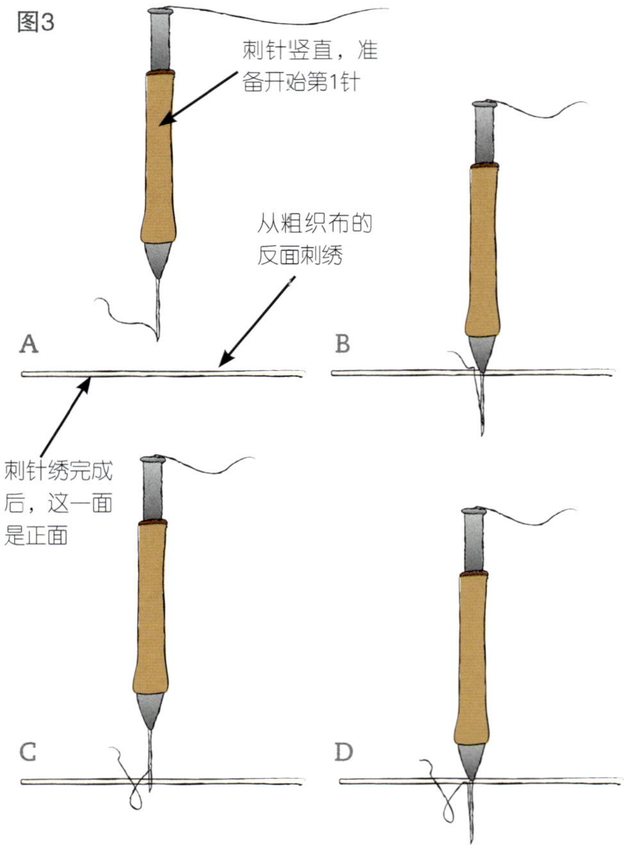

> **提示**
> 如果针提得太高，不仅会造成正面线圈不均匀，还会在反面也形成小线圈。这虽不是大问题，但说明方法不对头。

6. 完成一个部位后或要改变绣线颜色时，把绷子放在平坦的台面上，针仍留在布上。用另一只手的一个手指摁住针的位置，稍用一点力压住，把针提起。绣线露出大约2.5cm时，用锋利的绣花剪贴着布面把线剪断。缝第1针时的线头也可以这时剪去，当然如果觉得碍事，早就可以剪掉。线头都不必打结，完成的作品不会脱线。

7. 刺针绣完成后，从绷子上取下，轻轻熨烫图案周围，把绷子的印痕熨平。

图案作旧

8. 我喷了些稀释的胡桃色墨水，使图案显得古朴。可以把1份墨水和4份水混合在小喷壶里，摇晃均匀后直接喷到绣图上。喷时绣图要放在废纸上，以免喷到其他物品上。准备一块餐巾纸，如果颜色看起来太重，可用餐巾纸及时按压吸去一些墨水。绣图放在温暖的地方，大约20分钟就可晾干。

组合壁挂

9. 将图案的布边修剪至大约1.3cm宽，布边折到反面，熨烫固定。

10. 图案正面朝下放在平坦的台面上，沿着边围上一圈黑毛线，线头和线尾都要隐藏在反面（见图4），用黑色线针缝固定。

图4

11. 按照图案的大小，剪一块羊绒里布，与图案反面相对压在上面。摆放好挂绳的位置（见图5），然后针缝固定，小心不要缝到作品正面。手工缝上羊绒里布，壁挂就完成啦。

图5

针线盒

punch needle box

一个普普通通的木盒，配上刺针绣盒盖，就变成了传家之宝。图案上有小鸟先生、小狗雨果和它喜爱的小盖毯，比壁挂图案小。想先练一练刺针绣技术的话，可以从这里开始。完成后直径为15.2cm。

材料

- 边长30cm的粗织布
- DMC棉绣线：
  115号杂色红
  310号黑色
  729号古金色
  919号红橙色
  931号淡蓝色
  936号苔绿色（黄绿色）
  3011号绿色
  3033号浅石青色
  3781号土黄色
  3828号灰黄色
  3829号姜黄色
- DMC4145号浅黄色亚麻线
- 黑毛线装饰边
- Cameo刺针
- 细头记号笔、铅笔
- 灯箱（选用）
- 直径18cm的绷子
- 木盒，本书中木盒直径15.2cm，高7cm
- 胡桃色墨水（用于作旧）
- 工艺胶

描画图案

1. 按照126页的图样，借助光亮（灯箱或窗户均可），用细头记号笔把刺针绣图案描画到粗织布中间（正反面都可）。图样是反面形状，因为刺针绣是把图案从反面刺入正面。

2. 图样描画好后，把布块绷到绷子上，布要绷紧，但一定不能扭曲图样。

针刺图案

3. 按照图1所示绣线颜色开始刺针绣。绣这个盒盖图案我用了2股DMC绣线，刺针设定到1号位。

4. 按照97~99页的步骤3~6进行刺针绣。图案完成后，从绷子上取下，轻轻熨烫图案四周，熨平绷子的印痕。为了作旧我用了稀释的胡桃色墨水，见99页步骤8的说明。

固定图案

5. 图案的布边修剪至1.3cm宽，折到反面，用工艺胶粘住固定。

6. 将图案压按到盒盖上，用笔画出周围边缘。贴着边缘涂细细一条胶水，粘上黑毛线饰边。黑毛线里边和盒盖上也涂上胶水，使劲按压摆好的图案，将其紧紧地粘到盒盖上。整理好毛线边缘，使其服帖地围绕在图案周围。

图1

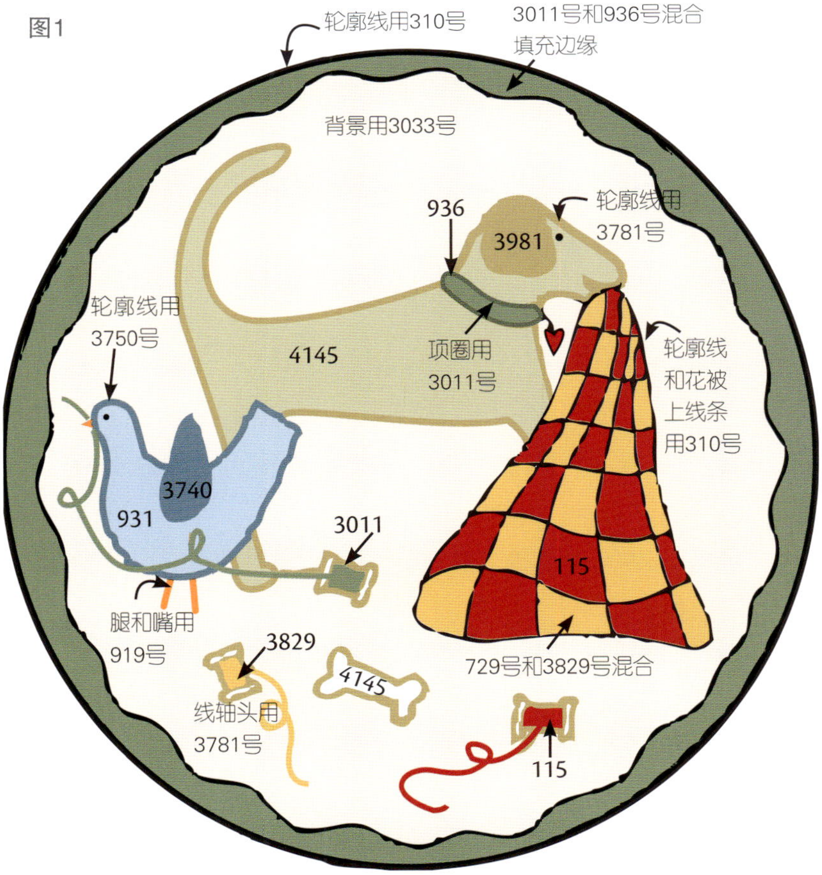

材料和工具 materials and equipment

材料

每个作品中都列有所需要的材料和工具。这里介绍的是基本常用材料，但不必完全照搬，可以尝试不同的材料，尤其是布料和配饰。

布料和铺棉

做拼布作品和拼布被时，许多人都喜欢选择全棉布料，其实有些其他布料也很棒，可以尝试一下。背面布料、滚边布料或者提包类作品的里布可以选择自己喜欢的任何布料，但是棉布也许最容易操作。

铺棉是按重量分等级的，有标准尺寸销售，也可以按米购买。各种材质应有尽有：化纤棉、纯棉、毛料或者混纺等，可以进行手工绗缝，也可以用机器绗缝。较薄的铺棉常常用机器绗缝。我喜欢用Matilda牌的毛料和化纤混纺铺棉，已经事先缩过水，完全可以机洗，颜色有白色和炭黑色。在休闲夏日盖被中，我用了Matilda牌的竹棉，质地松软容易操作。

缝线和绣线

机器缝合或绗缝时，许多人喜欢用全棉缝线，其实化纤混纺线也很受欢迎。手工绗缝可以使用任何质地的线。如果不想让绗缝线太突出，能与布料协调一致，最好使用棉线或化纤线。

绣缝图案时，我使用DMC合股棉绣线，绣线由6股组成，可以劈开使用。绣线色彩非常丰富，世界上很多国家都有销售。

黏合贴和黏合衬

黏合贴也叫热熨胶，有单胶衬和双胶衬之分，是附于特制纸上非常薄的一层胶。夹在两层布之间时，热熨斗能使胶熔化，把两层布粘到一起，最适合用于贴布（黏合贴贴布方法见105页）。黏合贴有许多牌子，使用前要阅读生产厂家的说明。

黏合衬用了同样的原理，不过是单面的，用来加硬或加固布料。黏合衬使布料更牢固挺括，更利于绣缝图案。黏合衬要在开始绣缝前，熨到布料反面。

纽扣

我喜欢在作品中使用纽扣，不单单因为它的扣合功能，如68页手工艺提包上那枚古色古香的纽扣，装饰功能就很强。纽扣还可以用作动物的眼睛和花心。我收集了各种各样的纽扣，18页针包上那枚小狗形状的纽扣就很独特。

工艺胶

有些作品使用了快速固定胶，用来把布片固定到一起。使用布料用胶时，要严格按照产品盒上的说明进行，而且房间通风要好。

颜料

在猫咪壁挂上，我使用了些颜料。我喜欢用Jo Sonja颜料，它可以和纺织品很好地融合，而且只要用熨斗烫过，颜色就不会褪去。还有其他牌子的工艺颜料，使用时要先在废布上试试效果。

工具

做拼布和盖被的工具和器械很多，都可以买到。但开始时真正需要的是下列基本工具。

基本工具

- 直尺
- 轮刀
- 切割垫
- 皮尺
- 手缝针
- 珠针
- 顶针
- 剪刀
- 塑料模板
- 记号笔
- 熨斗
- 缝纫机
- 快干胶
- 刺针
- 绷子
- 灯箱

轮刀、直尺和切割垫

剪切拼布块时，用轮刀、直尺和切割垫十分方便。特别是做布块多的盖被时，你会发现一块经得起切割、尺寸45cm×61cm的切割垫和一个直径45mm或60mm的轮刀非常有用。

珠针和手缝针

珠针用来连接拼布块或固定盖被的几层。当然也可以使用安全别针或喷胶来固定。

还需要各种不同的手缝针，用来绣缝图案和绗缝，机缝针可用来缝合和绗缝。我喜欢使用Clover 9号针来绣缝图案，质量好，手感光滑，而且金色的针孔使纫针非常容易。

记号笔

记号笔主要用来把图案描画到布料上，我用的是Zig Millenium或Pigma Micro不褪色笔，通常是棕色的。还有水消笔和气消笔，可以用来在布料上做临时标记。

塑料模板

塑料模板是透明塑料板，可以用来制作重复使用的图样，能从工艺商店或拼布供货商处买到。要先把图样画到塑料模板上，用锋利的剪刀剪出图形（不要用剪布料的剪刀）。塑料模板样板上可用不褪色记号笔做标记。

灯箱

描画图样时，灯箱确实很有用，但由于价格不菲，所以也可以借助窗户的亮光。把图案用胶带固定到灯箱（或窗户）上，上面蒙上布料，再描画到布料上。我还使用过下边安上灯泡的玻璃桌子，非常好用，而且胳膊也不累，比站在窗前描画好多啦！

刺针

刺针绣法需要特定的工具，我喜欢使用Cameo刺针。比起许多其他牌子的刺针，它不仅纫针非常容易，而且用起来很顺手。当地的工艺商店都应有刺针销售，当然也可以在网上购买。

方法技巧 basic techniques

这部分介绍一些基本的方法技巧，要完成书中的作品这些必不可少，包括怎样描画图案，怎样给盖被滚边等，初学者会觉得十分受益。

缝合

拼布或拼合都需要线缝均匀，这样布块才能整齐地拼在一起。自始至终保持6mm的缝份，会取得最佳效果。在需要精确拼合的地方，留约6mm缝份即可，因为熨烫时，会压住线缝和少量布边。

熨烫

只有熨烫得好，作品才能呈现出最佳面貌。一般来说，缝份往往熨向深色布一侧，才不至于使其从正面显露出来。如果缝份分向两边熨烫，接缝处会更平整，衔接得更好。缝份要仔细地压熨，以免布料拉扯变形，特别是斜接的部位。

使用图样

图样都在112 ~ 126页，大部分需要放大到实际需要尺寸，因此使用前要仔细阅读每个图样的说明。图样放大到需要的尺寸后，先将其描画到纸上或薄卡纸上，再剪出来作为纸样。剪之前要确定是否需要6mm的缝份，如贴布缝就需要缝份，而黏合贴贴布就不需要留缝份。

颠倒图样

有时图案需要朝向相反方向，这时就要把图样翻过来使用。可以先把图样复印，再把复印件正面朝下压在灯源上，这样图样方向就颠倒了，然后和往常一样描画即可。另一种方法是把图样画到描图纸上，把描图纸翻过来，再把图样描画到纸上。

转印图案

图案转印到布料上有几种方法，我通常使用光源转印，灯箱、窗户或者下边有灯的玻璃桌都可以。要先把布熨烫平整，没有皱褶。图案正面朝上，布料也正面朝上蒙在光源上，如有必要应用胶带固定，以免滑动。用细头记号笔或铅笔描画图案，如果担心画线以后会露出来，就用可褪色的记号笔，如水消笔或气消笔等。

茶叶染

可用茶叶为白棉布染出杂色，在猫咪壁挂中就使用过。要先把布料浸湿，拧去大部分水分，展开摊平，撒上足量的茶叶，散装茶叶或茶袋撕开后撒上都行，但长茶叶效果最好。将布料折叠成块状放在盘子里，弄湿，微波炉高火加热2分钟。拿出时会很烫，一定要小心。打开看看是否满意效果，如果不满意，可以再折起，再弄湿，重复加热。满意后，抖去茶叶，清洗布料，熨烫至干。如果喜欢有些褶皱的效果，可挂起来晾一会儿，再熨烫。

贴布方法

贴布就是把一个布块形状或图案贴到另一块布上。贴布有几种不同的方法，本书中使用了两种，即贴布缝方法和黏合贴贴布方法。

贴布缝

这是一种传统的手工贴布方法，每块贴布四周的边缘要折进去，然后针缝固定到底布上。贴布图案可以徒手画出，也可以像本书这样使用图样。

1. 先把贴布形状画到布料的正面，然后绕着这个形状再画另一条线，作为缝份，通常6mm宽，但是也可以根据贴布的大小和布料的类型调整。小片贴布一般3mm缝份即可，以免折边过于厚重。在曲线部位的缝份上要剪出牙口，使其更容易折边。

2. 将贴布四周缝份折进去，熨平，在底布上摆好位置，沿四周用小针脚藏针缝固定，然后熨烫平整。有些人喜欢一边缝一边用针把缝份折进去针缝固定。

黏合贴贴布

黏合贴上有一层胶，遇热即熔，所以将黏合贴用在两层布之间，用熨斗加热，可使两层布粘在一起，是理想的贴布材料。

1. 用黏合贴贴布时，图样要翻过来使用，因为图样要画在布料的反面，参见上一页颠倒图样部分。

2. 把图样描画到黏合贴的纸面上，四周留大约1.3cm的边，粗粗剪出图形。把黏合贴纸面朝上熨到贴布布料的反面，然后沿着画线准确剪出图形。

3. 黏合贴变凉后，撕去背纸，贴布图形正面朝上，在作品上摆好位置。用中温熨压大约10秒以固定贴布，放置晾凉。

4. 贴布边缘可以再针缝加固。我由于喜欢手工缝出的效果，常常手工进行锁链绣，但机缝缎纹绣效果也不错。

不规则拼布

书中有些作品使用了不规则拼布，很容易操作。通常都是缝在一块底布上，比如白平布等，需要各种各样的小布条和不规则的多边布块。

1. 从图案正中间或者作品说明中指定的地方开始，将第1个布条或布块正面朝上，用珠针固定到底布上（见图1A）。

图1

A

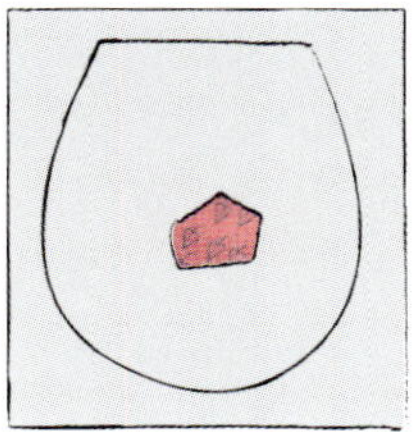

2. 第2块布与第1块正面相对，一条边对齐，缝合到一起（见图1B）。第2块布翻过来，正面朝上，熨平。

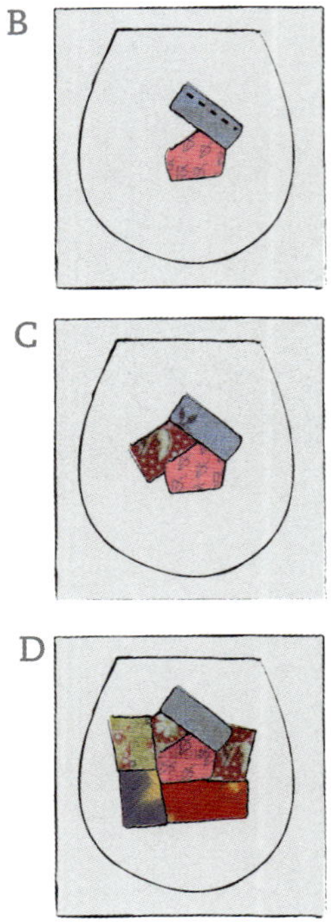

3. 第3块布与第2块正面相对，缝到一起（见图1C）。就这样继续，直到覆盖整个图形（见图1D）。边缘多出的部分修剪掉。

3. 两个布块正面相对，边缘对齐，用小针脚卷针缝缝合。针穿过折叠的布边，但不要穿过卡纸。第3块布与第2块布正面相对缝合，其余布块也这样往上缝合，直到达到图案尺寸。缝合全部完成后，拆掉疏缝线，去掉卡纸。

图2

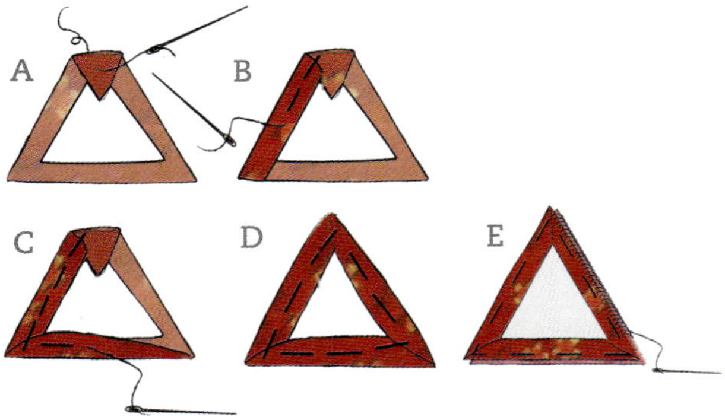

英式拼布

英式拼布也叫卡纸拼布，需要使用卡纸制成的纸样，布包在上面，临时固定上。拼布手工缝好后，再去掉卡纸。

1. 先按照原始图样剪出足量的卡纸。剪布块时，需要四周加6mm的缝份，所以可以制作一个四周加了缝份的卡纸样板，按照它剪出拼布布块。

2. 按照图2A～E的步骤，卡纸用珠针固定到布块上，缝份折起，包住卡纸边缘，一起疏缝固定。布一定要扯平包紧，转角处要塞平整。所有布块都这样操作。

刺针绣

刺针绣是一种古老的俄罗斯绣法，绣线源源不断地送出，通过笔状空心针刺入布料，在布面上留下绒状线圈图形。这种绣法的效果与地毯的图形相似，但是图案更精美细致，97～99页有刺针绣的说明和图示。

缝边条

拼布四周缝上边条可以框住图案，使图案成为一个整体。边条可简单地由一种布组成，也可以做成拼布，本书中两种方法都用到过。有直线拼接的边条，也有斜向拼接的边条，制作非常简单。

制作Yoyo

Yoyo有时也叫做萨福克泡芙［萨福克（Suffolk）系英国地名］，简单易做，形状可爱，能为拼布和贴布图案增添立体感。

1. 比着圆形样板，用细头记号笔在布料反面画出圆环，再沿着画线剪出。圆形样板的尺寸应该包括缝份部分。

2. 针上穿入2股手缝棉线，一头打结。圆形布的反面向上，折起大约6mm的边，沿着折边缝平针（见图3A）。一边折边一边缝，可以稍稍抽拢。

3. 缝够1圈后，轻轻拉线抽拢，可能需要用手指把Yoyo整理成形（见图3B）。达到满意形状后，把线拉紧，在反面打结收针。

图3

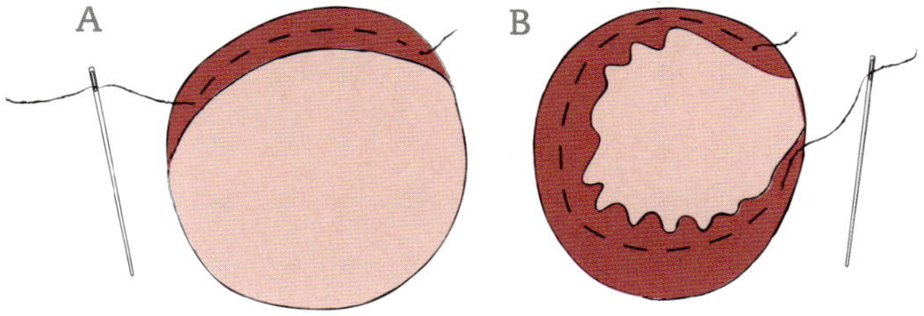

1. 计算边条尺寸时，要先量出拼布的宽度。要量中间（见图4A），这样比量两端更准确，因为制作时边缘部分会有些扯拽，不很准确。按照量出的尺寸，剪出上边条和下边条，留6mm的缝份，分别缝到拼布的顶部和底部，熨烫平整。

图4

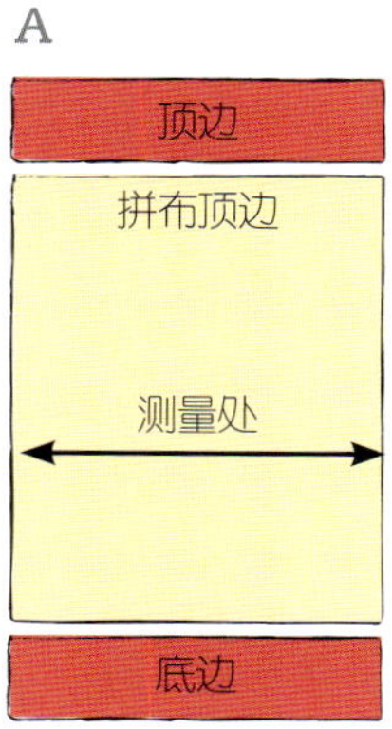

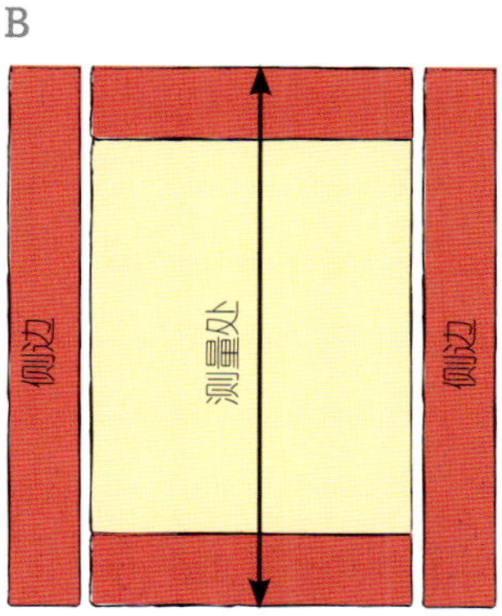

2. 然后量出拼布长度，也要从中间量，包括缝上的顶边和底边（见图4B）。剪出两侧边条，分别缝到两边。加缝第2个边条时，重复步骤1和步骤2即可。

斜接布条

有时需要把布条连接到一起，才能达到边条和滚边的长度。这时要以45° 的斜角缝合连接，这样分开熨平后，接缝处服帖且不明显（见图5）。

图5

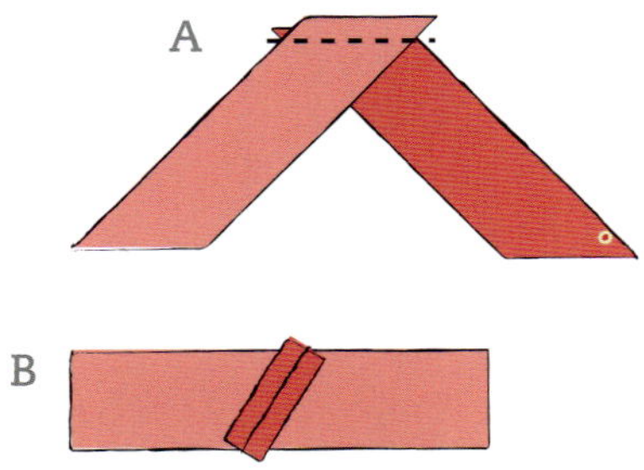

拼布组合

拼布组合也叫做三层组合，是指拼布由3层组成：表布、铺棉和里布。

这三层要很好地组合，才能够挂起来平整，铺起来没有皱褶。手工绗缝或机器绗缝都能呈现出最佳效果。

1. 将里布熨平，必要时可以先将铺棉挂起来，让褶皱都展开。剪出里布和铺棉，四周要比表布多大约10.2cm。表布也准备好，剪去或整理好不齐的地方，熨烫平整。缝份部分要整理好，尽量铺平整。

2. 里布正面朝下平铺在台面上，角部可用胶带固定以保持平整。然后把铺棉铺在上面，捋平所有皱褶。最后将表布正面朝上压在最上面。

3. 有几种方法可以把这3层固定，有些人使用珠针或别针，有些人用疏缝方法，也有人用喷胶。如果用珠针或疏缝固定，可呈网格状固定，间距为7.6～15.2cm。四周在离边缘大约1.3cm处也要疏缝固定。组合完成，就可以开始绗缝。

绗缝

绗缝不仅仅是把几层更结实地固定，还为拼布增加了质感和美感。书中的作品把手工绗缝和机器绗缝相结合。手工绗缝只需要用平针，针脚和针距要小而均匀，才能达到理想效果。机器绗缝呈现出较连续的线条，每2.5cm 10～12针，疏密度取决于布料种类和线的粗细。绗缝的多少、疏密全由自己决定，但一般应十分均匀地覆盖整个布块。不管是手工绗缝还是机器绗缝，开始的线结和收尾的线头都应留在铺棉中。不同作品中已有关于绗缝的说明，以下是要用到的绗缝方法：

· 落针绗缝，也就是顺着布块间的接缝绗缝。

· 轮廓绗缝，在离图形边缘大约6mm的地方，围绕图形绗缝出轮廓线。

· 格子绗缝，绗缝出间隔均匀的网格形状、平行线或交叉形状。

· 绗缝图形，即在布块上或边框中绗缝些图形，如心形、小鸟形状或爪印等。

画绗缝线

如果需要画出绗缝的线条或图形，可在拼布组合前或组合后进行，大部分人都是在拼布组合前标出线条。现在记号笔或铅笔种类很多，使用前要先在废布上试试效果。如果进行机器绗缝，缝线很容易覆盖住标记线。如果用手工绗缝，最好使用水消笔或浅色铅笔。有些水消笔线条在加热熨烫后会固定下来，所以一定要小心熨烫。

滚边

滚边使拼布边缘整齐而且牢固。可以做成单滚边，也可以做成双重滚边，双重滚边由于更结实，也更适合拼布。

1. 围绕拼布边缘量出四周长度，再加上大约20.3cm，这就是滚边条所需要的长度。将布料剪成6.3cm宽的布条，缝合连接至滚边条所需长度。滚边条纵向对折、熨平。

2. 从拼布一个边的中间开始，滚边条的毛边和拼布边缘对齐，先用珠针固定。留6mm的缝份，穿透几层缝上滚边条，缝到离转角处6mm时停针（见图6A）。

图6
A

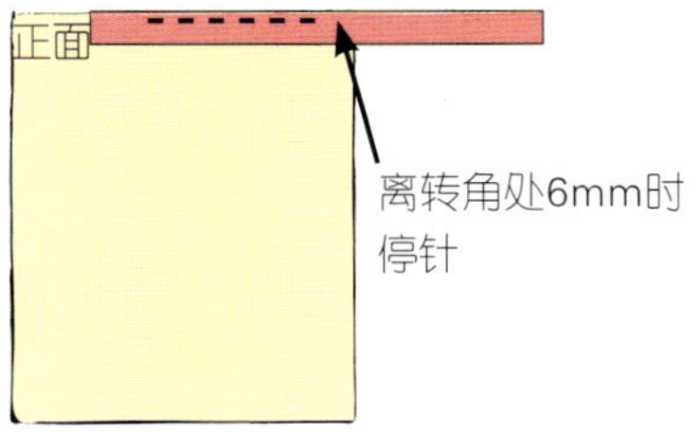

3. 拼布离开机器，将滚边条向上折，上折的滚边条毛边要与拼布边对齐（见图6B）。

B

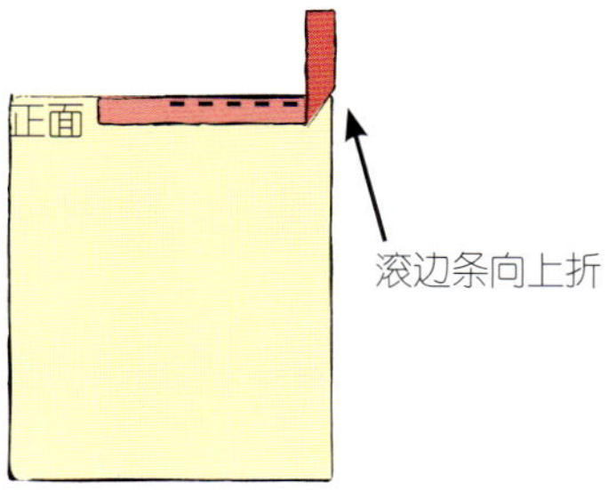

4. 手指压往角部，将滚边条再折下来，折角要平整，毛边与拼布边对齐。先用珠针固定，再从折边的顶端开始继续缝，直到下一个转角处（见图6C）。每个转角处都以同样方式操作。

C

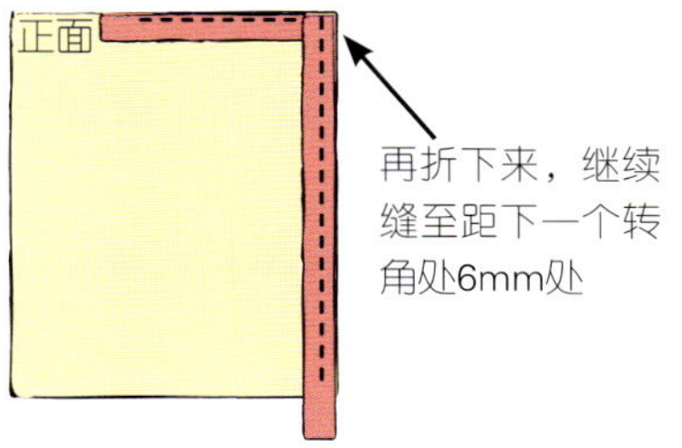

5. 缝到离起针点15.2cm处停针，滚边条的头尾相接后，都向回折，用珠针标出折线位置。在离珠针6mm处剪去多余的滚边条。滚边条打开，留6mm缝份，头尾缝合到一起，接缝处分向两边熨平。将滚边条重新对折，缝到拼布上。

6. 滚边条折到拼布背面，进行藏针缝。转角处的斜角要折整齐，用小针脚藏针缝固定。

绣缝针法 embroidery stitches

本书中的作品和图案用到了各种不同的刺绣方法，针法简单，充满乐趣，按照下列图示即可缝出。

锁链绣

这是经过改良的锁针，传统的锁链绣总是滑到贴布边缘下边，使毛边显露，看起来不那么整洁。这种针法避免了这种情况。

针从贴布的边缘开始，从反面入针，从正面稍稍离开起针的边缘处出针。拉起线形成一个线环，针从前向后穿过线环，线环一定不能扭曲。拉线的时候，针脚稍稍向上提，留在毛边的上边，而不是滑到反面。线要拉紧，针脚要紧实。接着缝下一针。

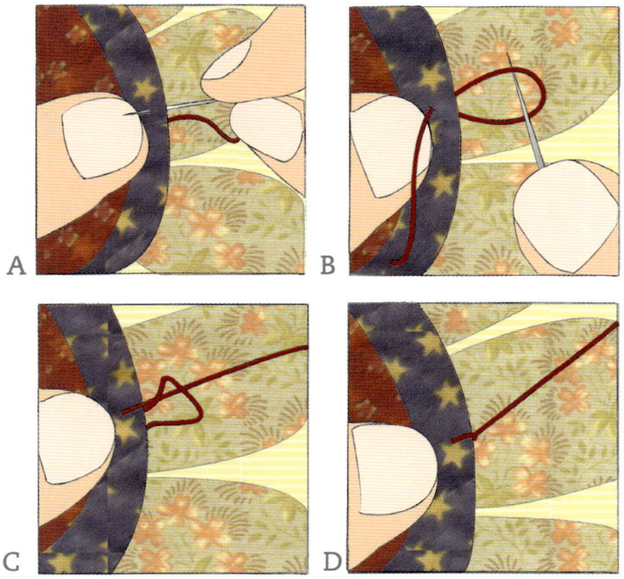

回针绣

回针绣很适合绣轮廓线，所以也用来“绘”出图案的某些部分。回针绣很容易缝制，许多地方都可以用到它。

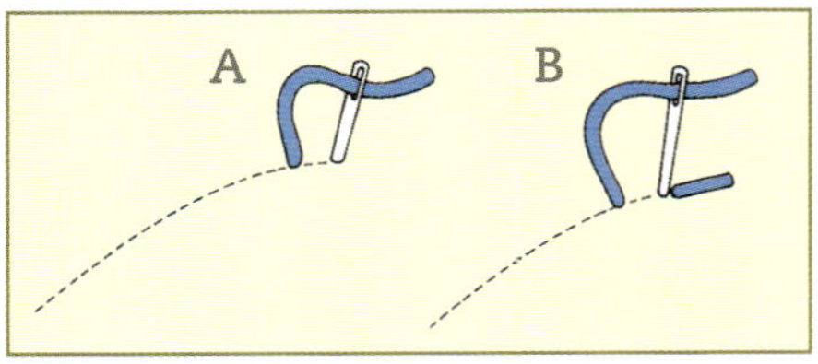

十字绣

书中许多刺绣图案都用了十字绣以突出造型，特别是用在小狗和小猫的衣服上。

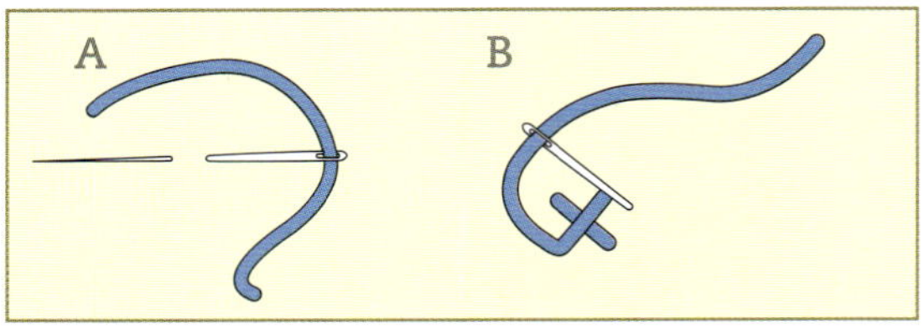

链环绣

链环绣可以形成直线或弯曲线，也可以密密地缝在一起，填充图案的某个部位。链环绣组成的线条比回针绣线条更粗重醒目，也很适合作轮廓线。

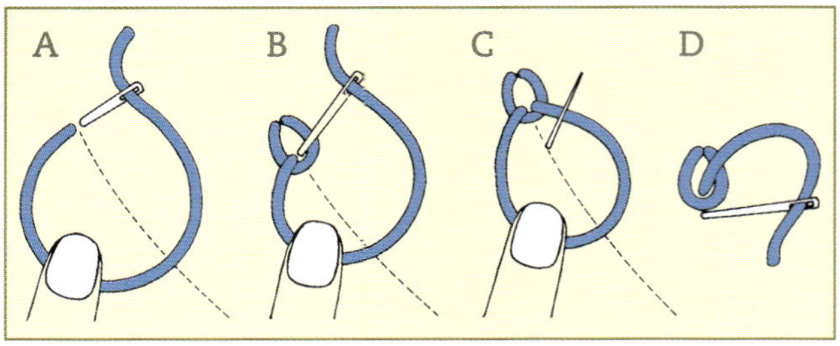

羽毛绣

羽毛绣很容易绣制，能组成很有吸引力的图形。

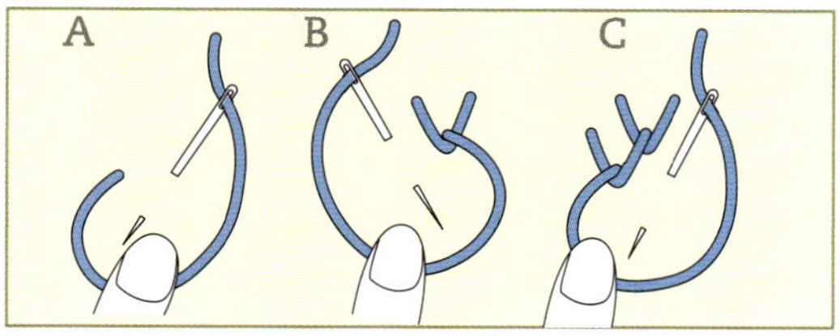

法式豆针绣

这些法式豆针绣很容易绣制，非常适合绣缝眼睛和其他细节。

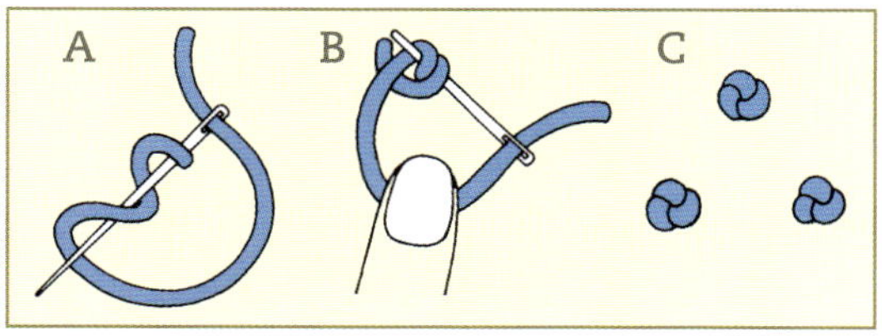

人字形针

人字形针可以用来构成某一部位的轮廓，也可以形成图形。如果绣成圆形，还能组成简单的花朵。

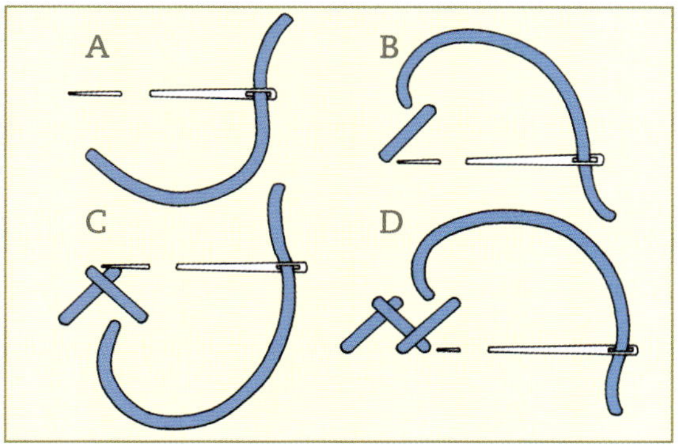

雏菊绣

雏菊绣装饰感强，往往排列成圆形，最适合绣花朵。

长直针绣

长直针绣就是一个个长针脚，非常适合绣衣服上的条纹和小猫的胡须等。

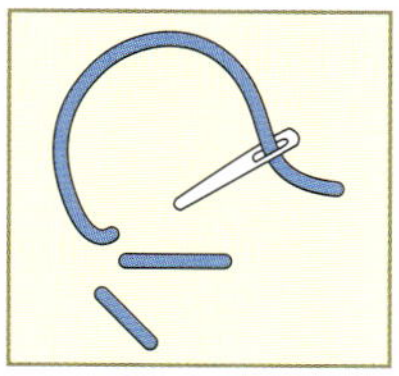

长短直针绣

长短直针绣把长针脚和短针脚交替搭接绣到一起，密实地填满某个区域。

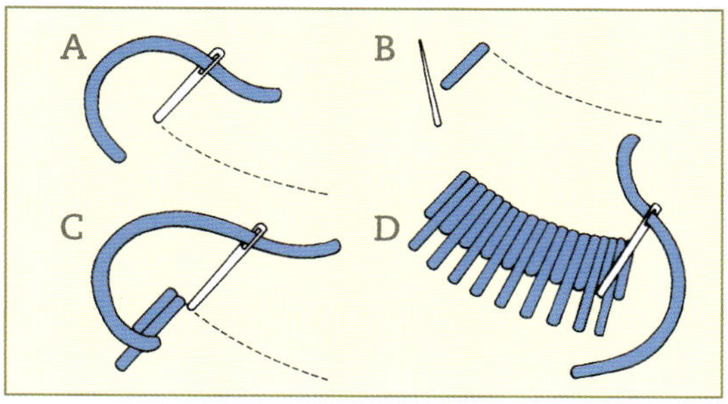

平针绣

平针绣间隔均匀，可以朝任何方向绣，组成任何图形，绗缝就常常使用平针。

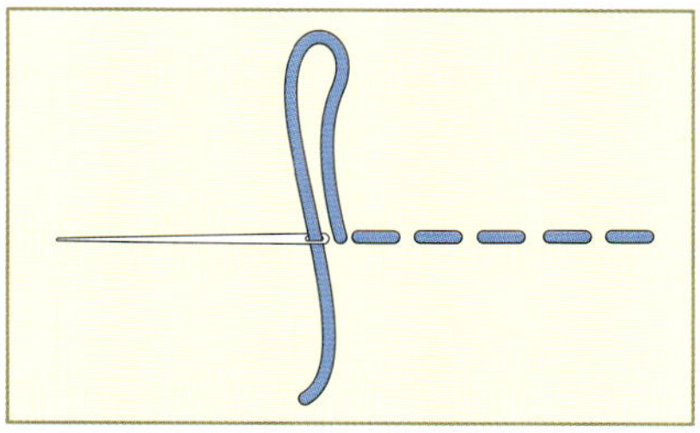

缎纹绣

缎纹绣是一种古老的针法，长针脚紧挨着密密地缝到一起，用来填充图案形状。

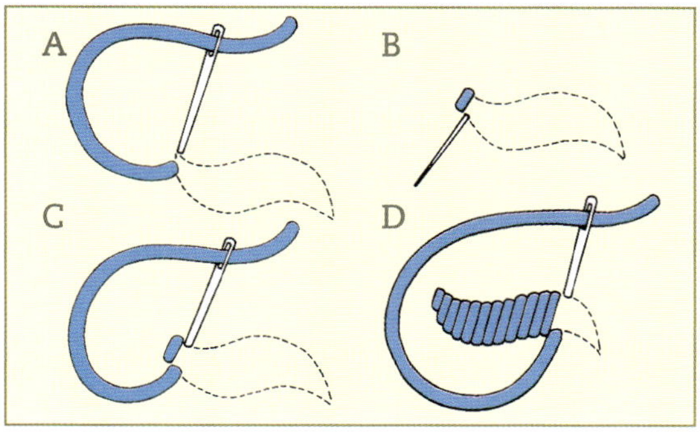

图样 templates

图样部分包括了作品的绣缝图样和贴布图样。有些图样为了方便放在书内而缩小了，因此制作时要认真阅读作品的图样说明，看是否需要放大。有些图样要另加缝份，图样上都有标示。关于图样的使用和描画，参见104页说明。

狗狗缝纫收纳组

贴布图样（实际尺寸）

使用贴布缝时，四周要另加6mm缝份

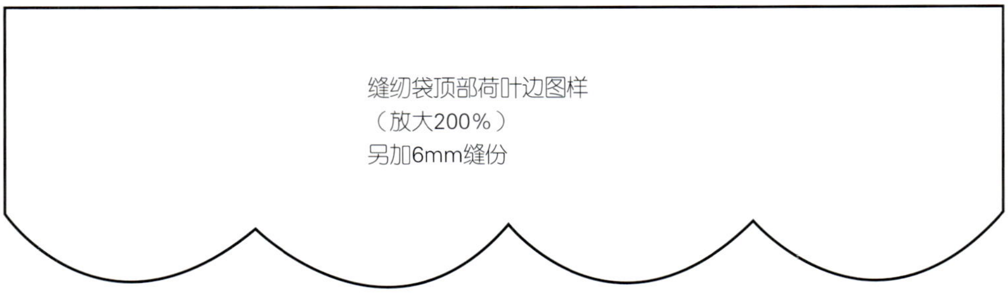

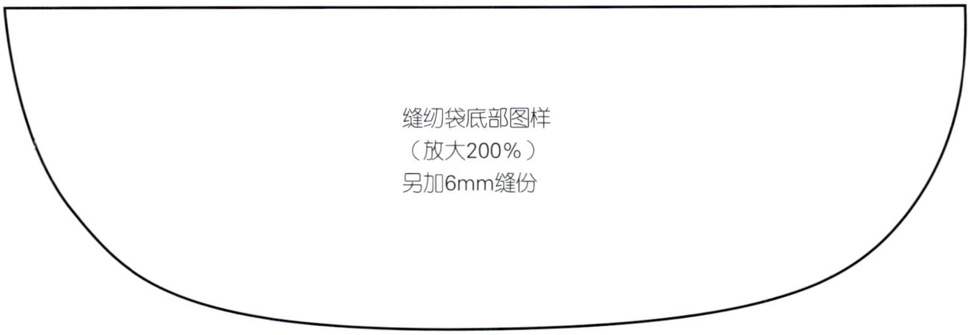

缝纫袋

绣缝图样（放大200%）

红线标出贴布位置，也标出了绣缝的地方

剪刀套

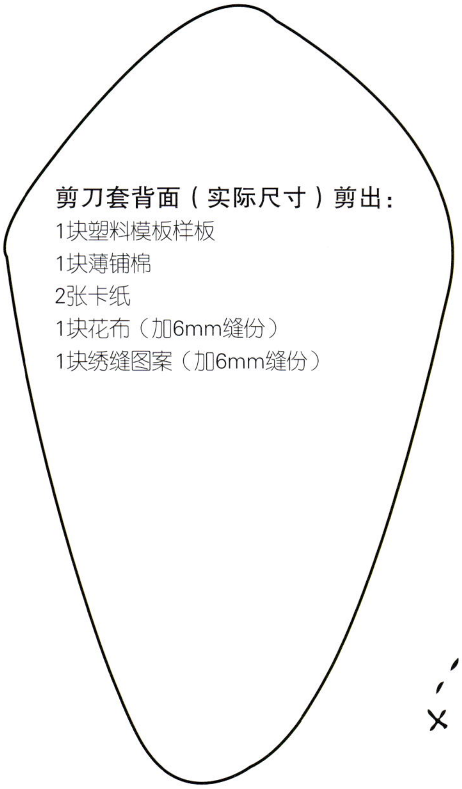

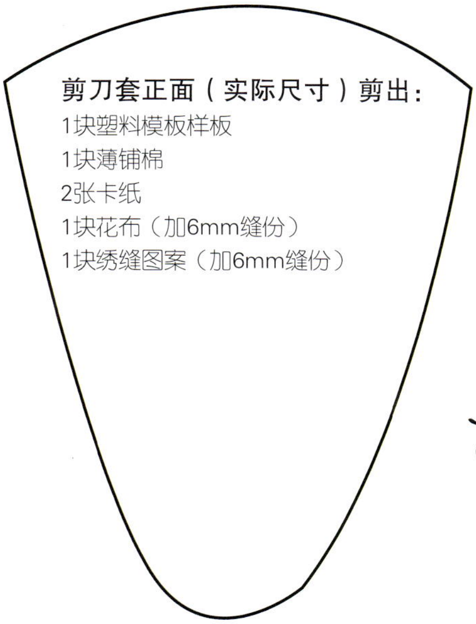

剪刀套顶部绣缝图样
（实际尺寸）

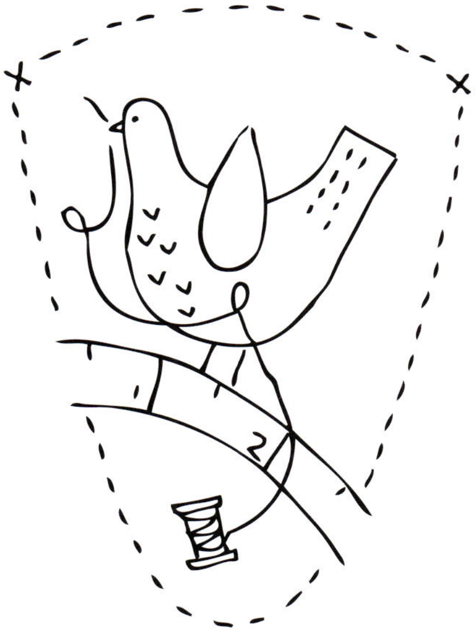

剪刀套正面绣缝图样
（实际尺寸）

针包

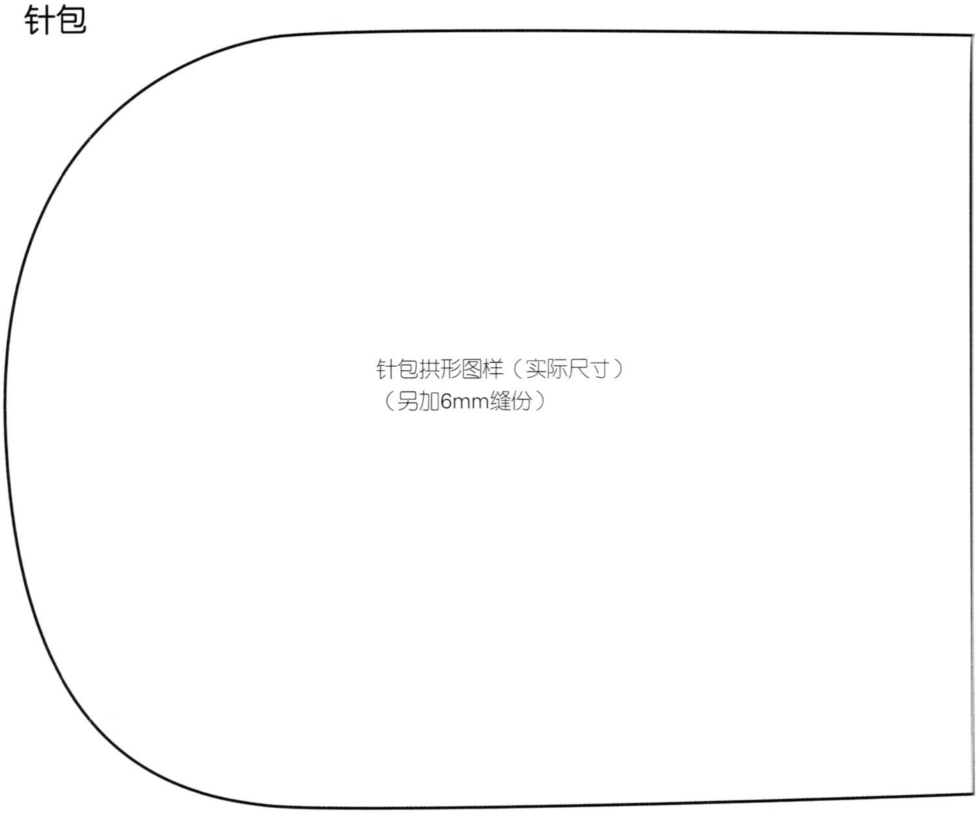

针包拱形图样（实际尺寸）
（另加6mm缝份）

字母图样（放大200%）
用这些字母在针包里绣出名字

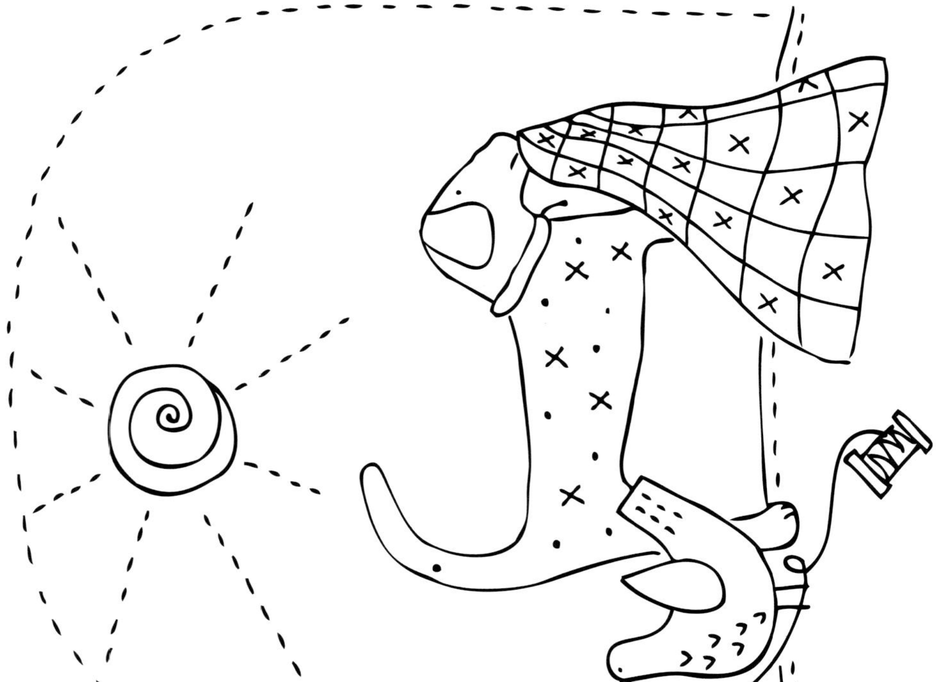

针包正面绣缝图样（实际尺寸）

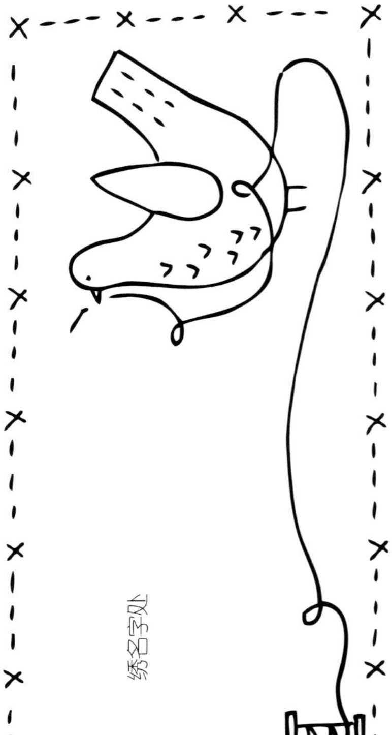

针包里边绣缝图样（实际尺寸）

花园中的猫咪

猫咪花被和书本封套图样

meow布块绣缝图样（实际尺寸）

Yoyo布块绣缝图样（实际尺寸）

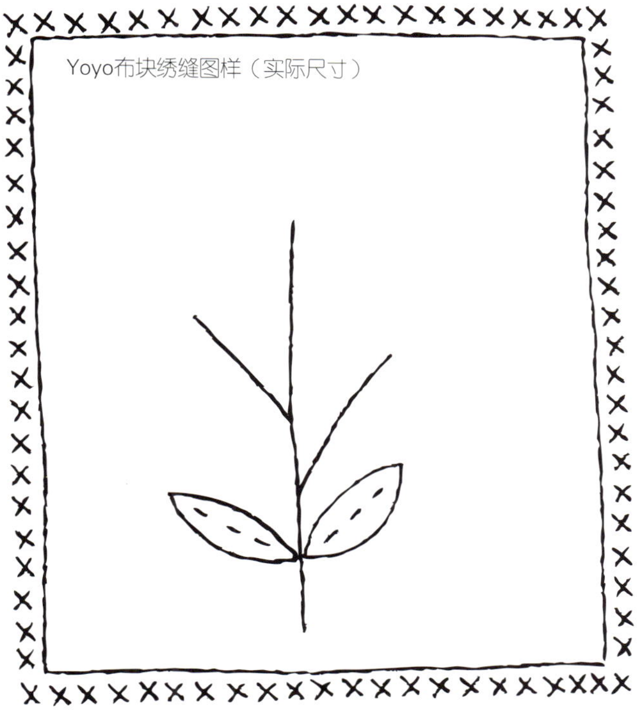

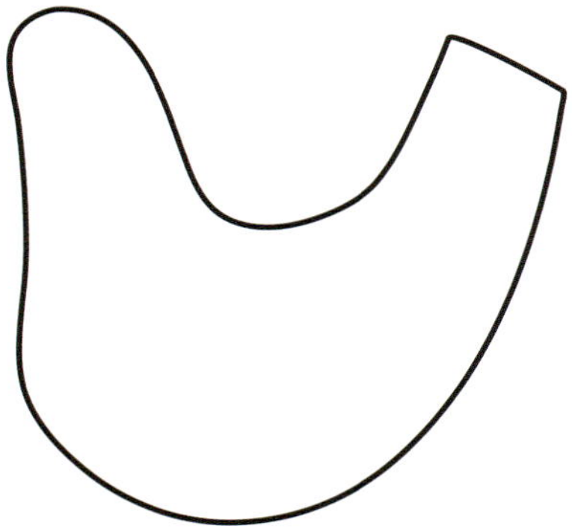

毛绒布小鸟贴布图样（实际尺寸）
不需要加缝份

Yoyo图样（实际尺寸）
已包括缝份

猫咪花被和书本封套上猫咪布块绣缝图样（实际尺寸）
红线表示贴布小鸟形状和绣缝的条纹

宠物宝贝

贴布拼布被和宝贝靠垫图样

（全部放大200%）

使用贴布缝时，图样四周要加6mm的缝份

– – – – 表示主体图案上贴布的位置

………… 表示绣缝部位

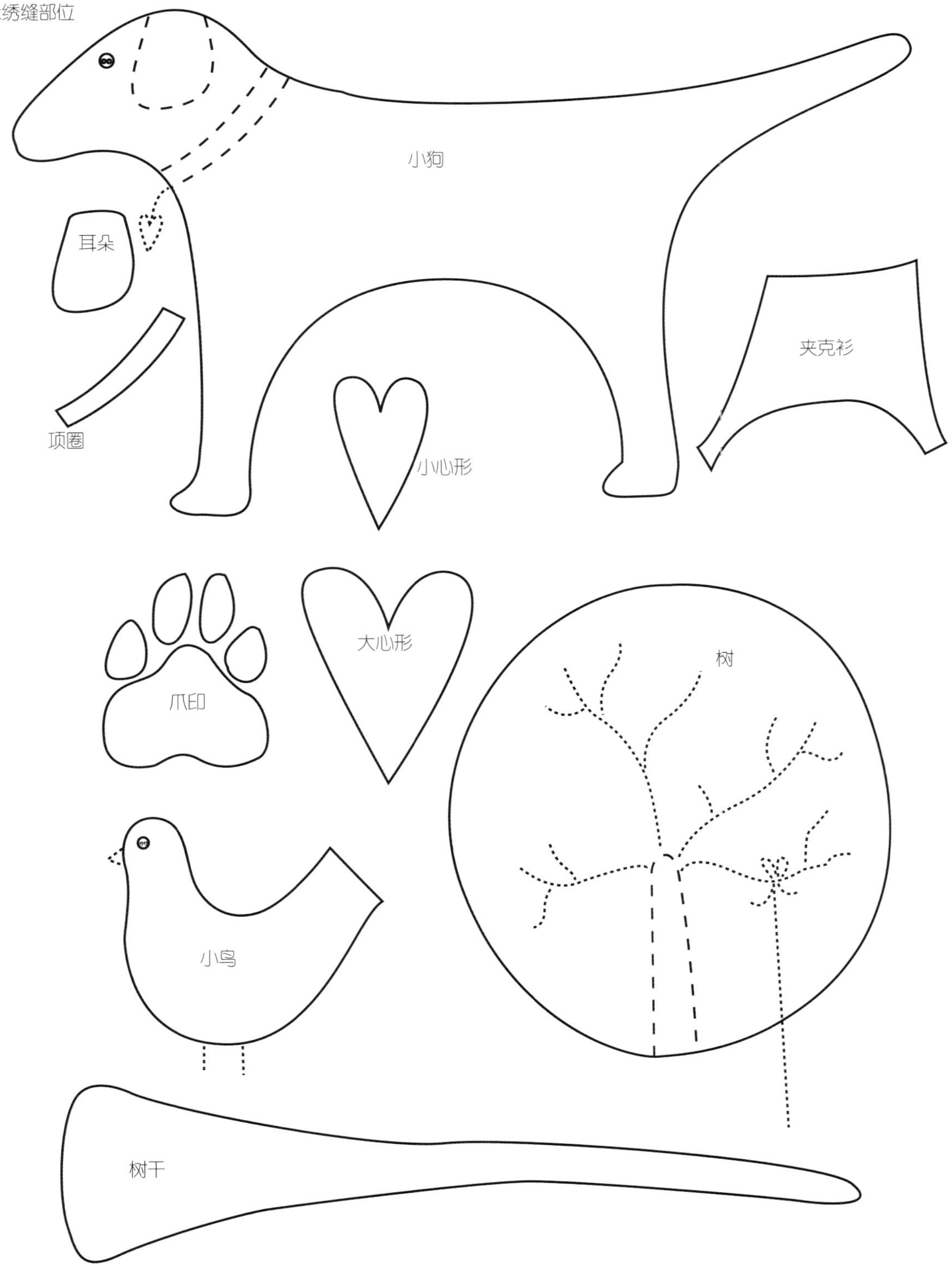

猫咪世界

猫咪壁挂图样

（全部放大200%）

使用黏合贴做贴布时，不必另加缝份

- - - - 表示主体图案上贴布的位置

………… 表示绣缝部位

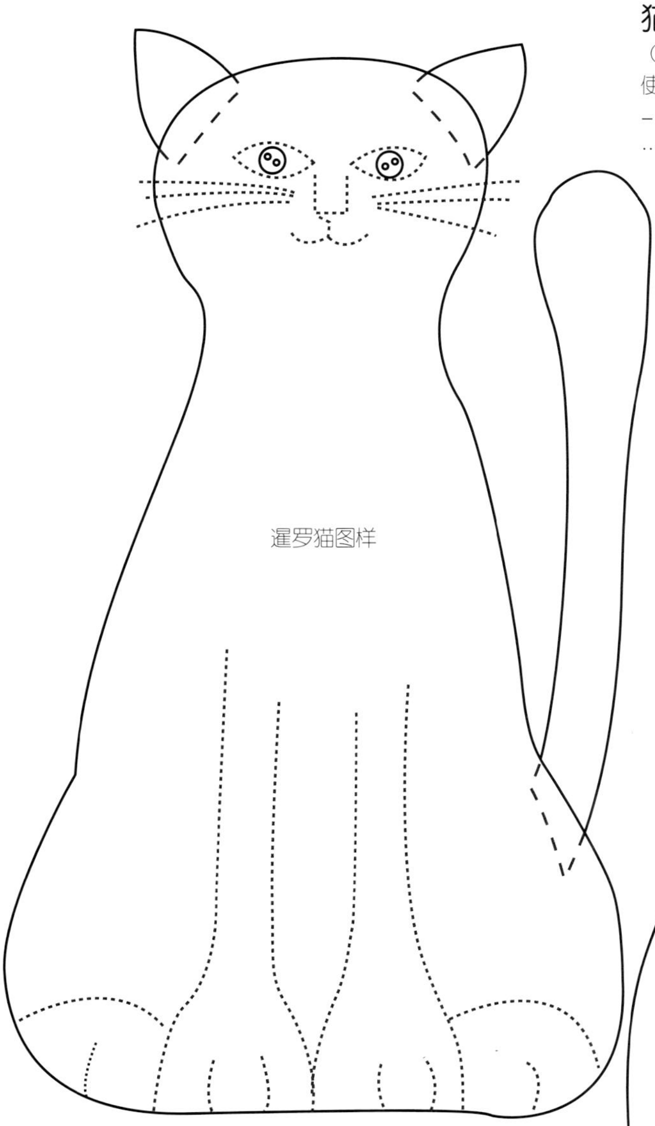

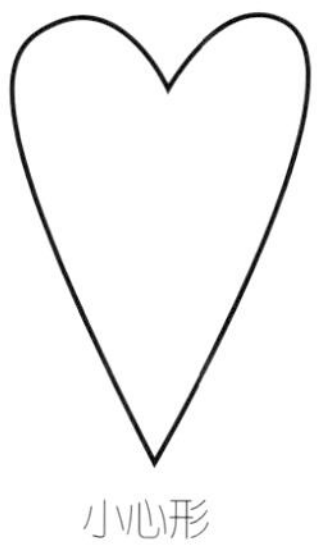

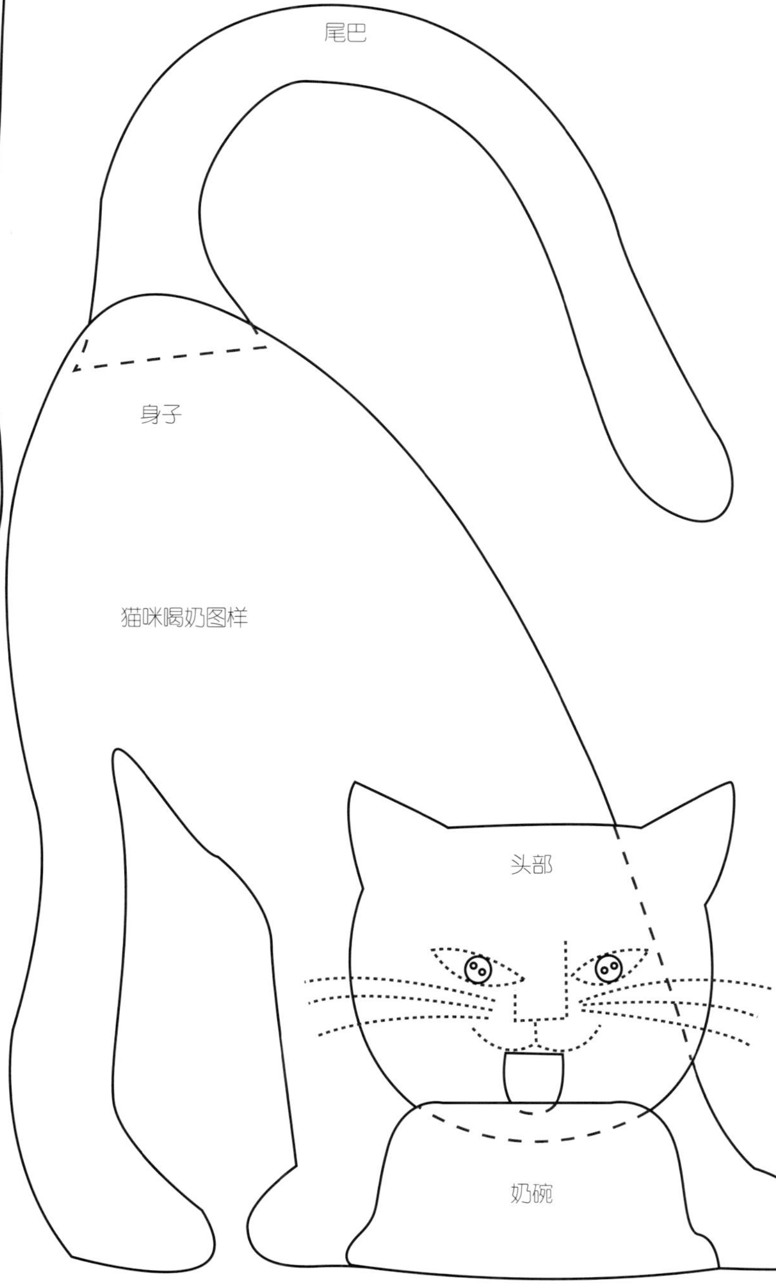

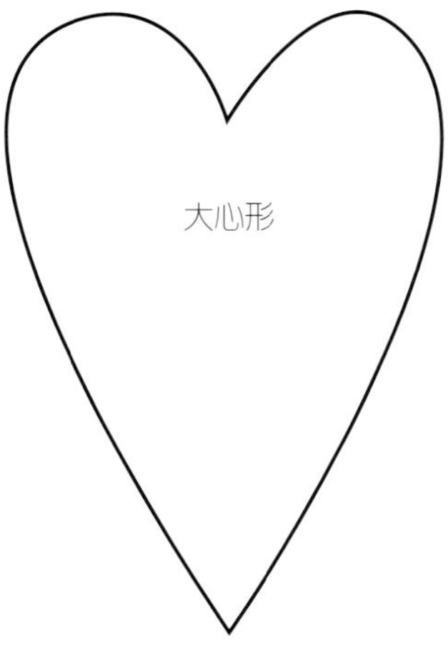

猫咪世界

猫咪壁挂图样

（全部放大200%）

使用黏合贴做贴布时，不必另加缝份

– – – – 表示主体图案上贴布的位置

………… 表示绣缝部位

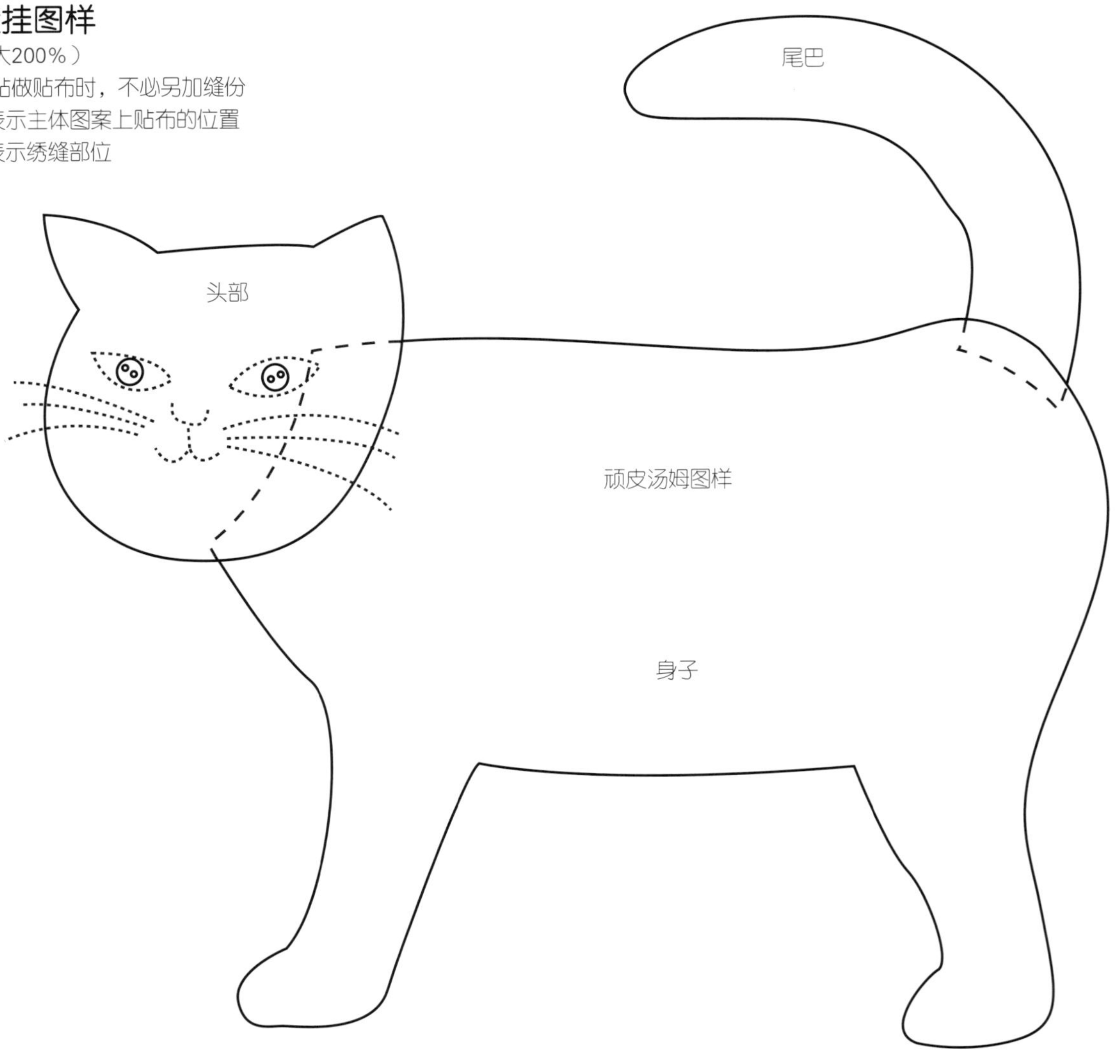

睡猫针插图样

（全部放大200%）

好伙伴

提包图样

（全部放大400%）

图样四周要加6mm的缝份

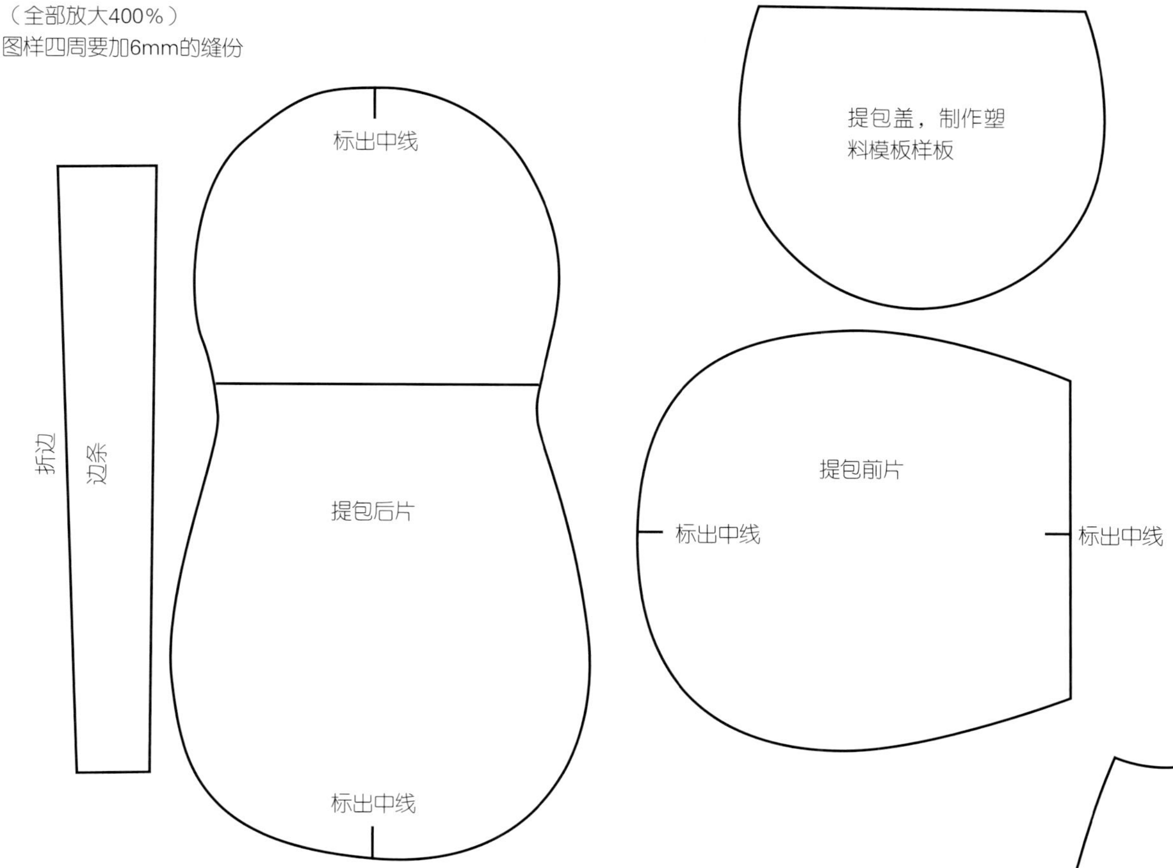

提包贴布图样

（实际尺寸）

使用贴布缝时，图样四周要加6mm的缝份

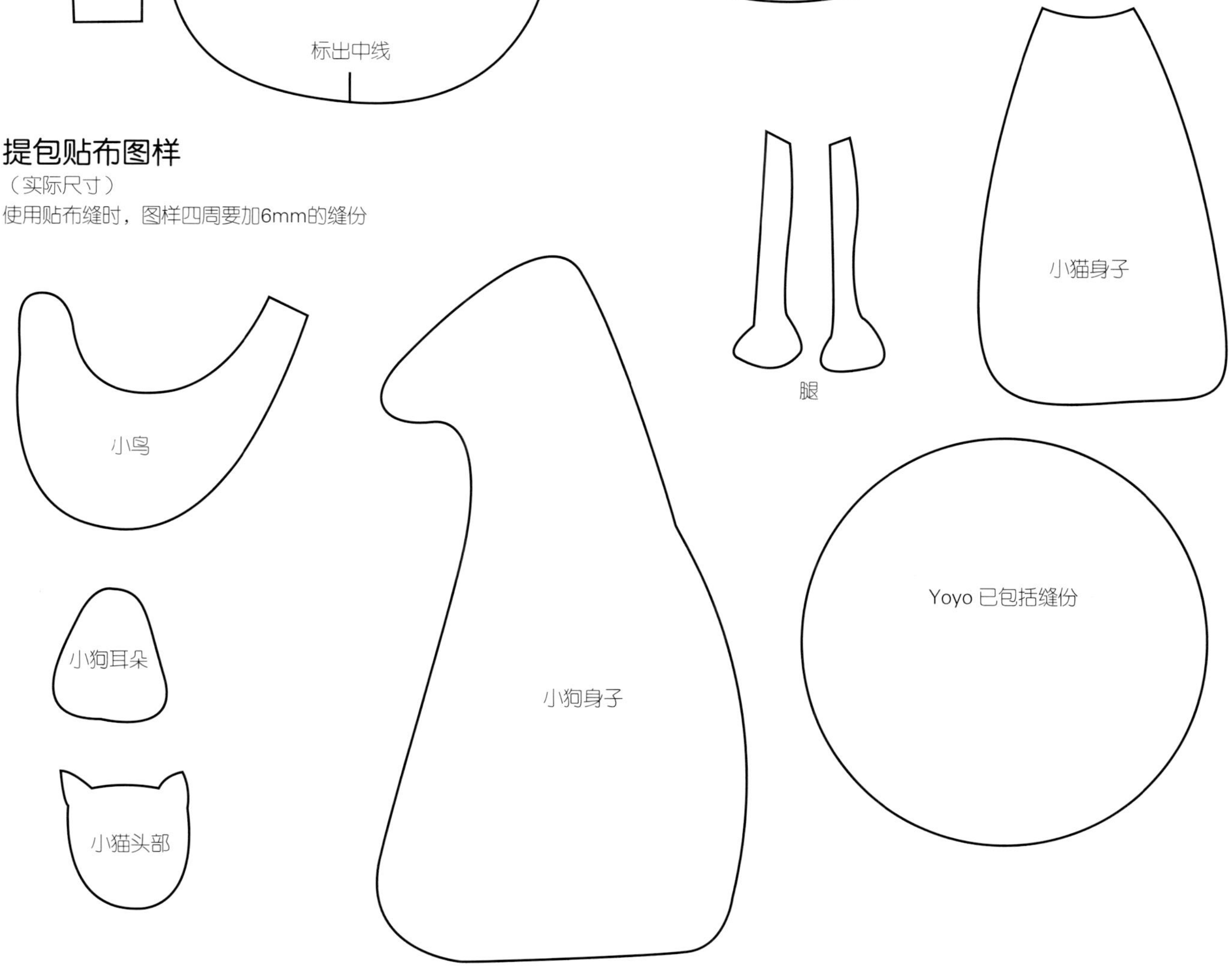

好伙伴

提包绣缝图样

（实际尺寸）

黑线表示贴布；红线表示贴布后所缝线条；绿线表示缝在底布上线条

零钱包图样

（实际尺寸）

零钱包绣缝图样

（实际尺寸）

休闲夏日

打包出发绣缝图样A

（实际尺寸）

步骤如下：

1. 图样A描画到底布上。
2. 按照贴布图样制作贴布。
3. 贴布完成后，描画上绣缝图样B。

打包出发绣缝图样B

（实际尺寸）

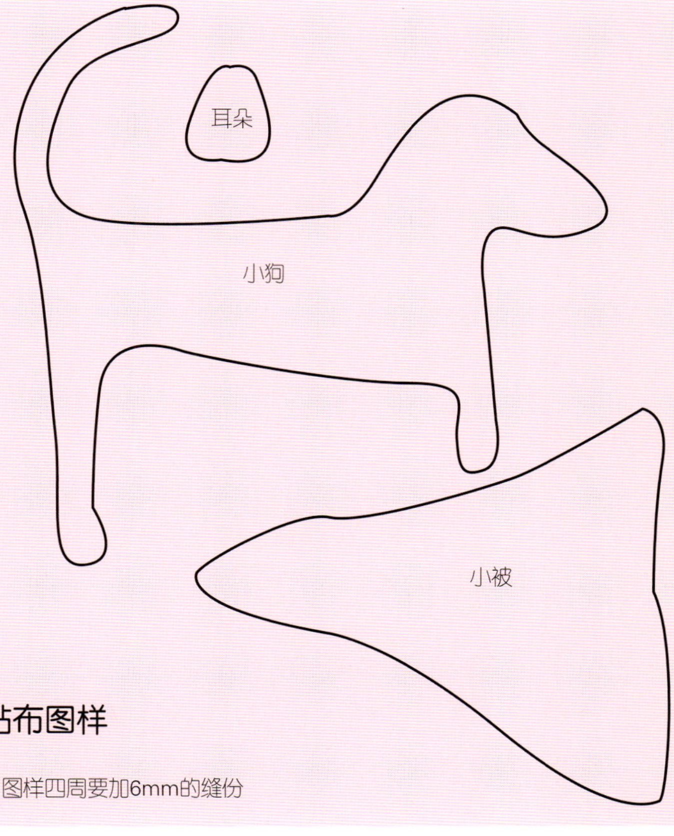

打包出发贴布图样

（实际尺寸）

使用贴布缝时，图样四周要加6mm的缝份

快乐旅途绣缝图样A

（实际尺寸）

步骤如下：

1. 图样A描画到底布上。
2. 按照贴布图样制作贴布。
3. 贴布完成后，描画上绣缝图样B。

快乐旅途绣缝图样B

（实际尺寸）

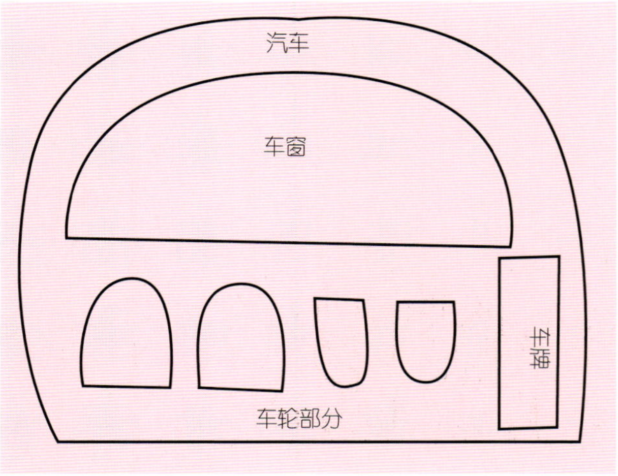

快乐旅途贴布图样

（实际尺寸）

使用贴布缝时，图样四周要加€mm的缝份

休闲夏日

夕阳野餐贴布图样

（实际尺寸）

使用贴布缝时，图样四周要加6mm的缝份

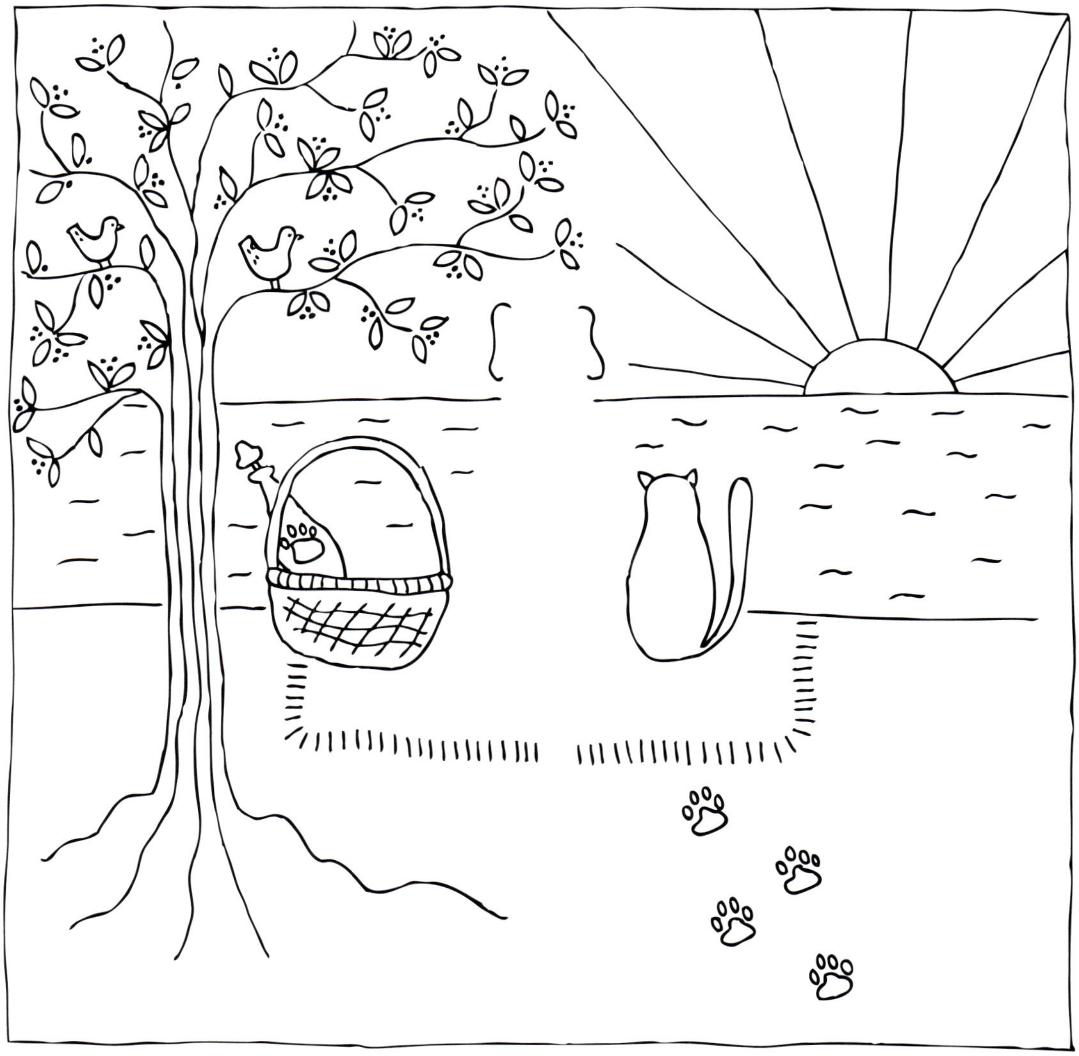

夕阳野餐绣缝图样A

（实际尺寸）

步骤如下：

1. 图样A描画到底布上。
2. 按照贴布图样制作贴布。

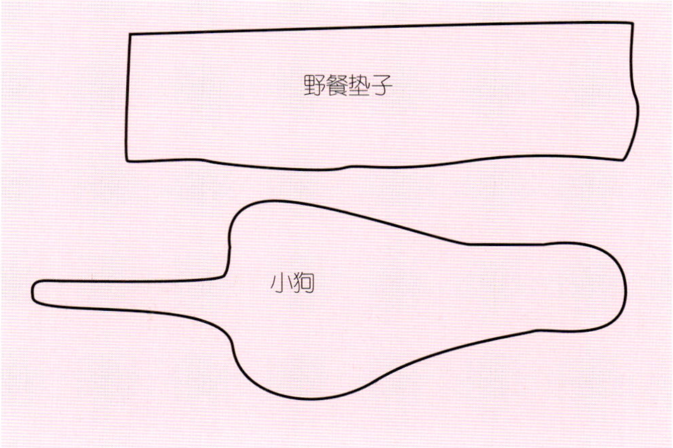

休闲夏日

海滨沙堡贴布图样

（实际尺寸）
使用贴布缝时，
图样四周要加
6mm的缝份

海滨沙堡绣缝图样B

（实际尺寸）

海滨沙堡绣缝图样A

（实际尺寸）

步骤如下：

1. 图样A描画到底布上。
2. 按照贴布图样制作贴布。
3. 贴布完成后，描画上绣缝图样B。

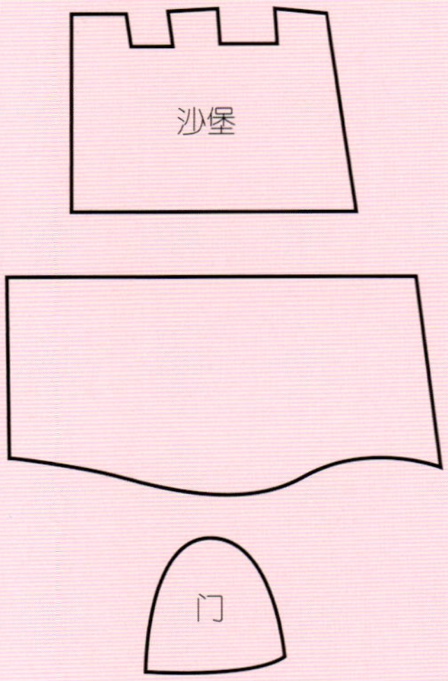

休闲夏日

房车营地绣缝图样A

（实际尺寸）

步骤如下：

1. 图样A描画到底布上。
2. 按照贴布图样制作贴布。
3. 贴布完成后，描画上绣缝图样B。

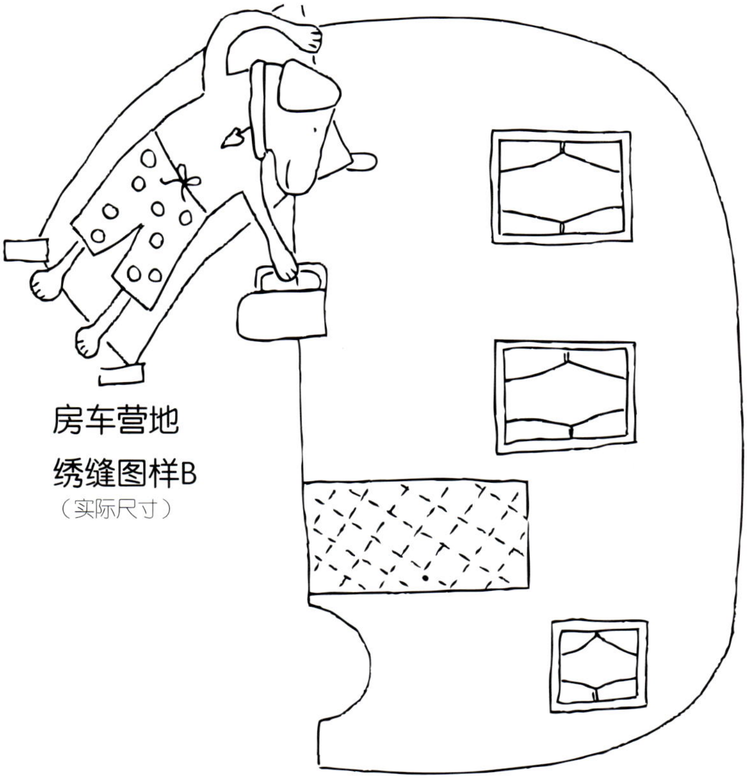

房车营地绣缝图样B

（实际尺寸）

房车营地贴布图样

（实际尺寸）

使用贴布缝时，图样四周要加6mm的缝份

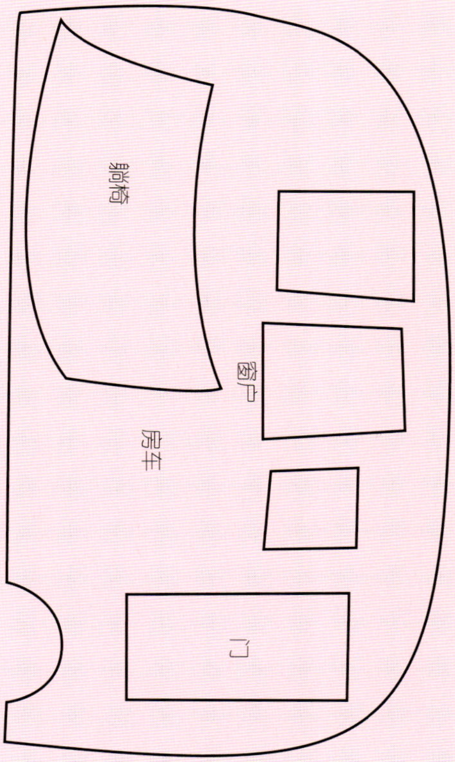

永远的朋友

壁挂图样

（实际尺寸）

针线盒图样

（实际尺寸）

关于作者

琳奈特·安德森对布艺的热爱开始得很早，她从小就跟着奶奶学习绣花和编织。1981年有了第一个儿子后，又开始对贴布产生了兴趣。从她的作品中，可以看出她对布艺的亲近与喜爱。1990年她全家搬到澳大利亚，1995年就设计推出了一批琳奈特图案，接下来的那些年，又推出了几百种图案。她的构图风格独特、精美，充满童趣，被广泛地用于盖被、靠垫、提包和缝纫工具上。她自己出版的书包括：《素描简缝》、《葵花绣缝》、《天使的愿望》、《圣诞朋友》、《彩虹农舍》等。当被邀参加亨利玻璃工艺与布艺（Henry Glass Fabrics）展时，她非常兴奋。2009年，她发表了首部布艺作品。要了解更多，可登录www.lynetteandersondesigns.typepad.com。